Archiv für Meteorologie Geophysik und Bioklimatologie

Archives for Meteorology, Geophysics, and Bioclimatology

Serie A

Meteorologie und Geophysik
Meteorology and Geophysics

Herausgegeben von / Edited by

F. Steinhauser, Wien
W. Mörikofer, Davos
E. R. Reiter, Fort Collins, Colo.

Serie B

Klimatologie, Umweltmeteorologie, Strahlungsforschung / Climatology, Environmental Meteorology, Radiation Research

Herausgegeben von / Edited by

F. Steinhauser, Wien
W. Mörikofer, Davos
E. R. Reiter, Fort Collins, Colo.
H.-W. Georgii, Frankfurt a. M.

Der Gebrauch von Meßeinrichtungen in Raumkapseln und andere neue Techniken haben die Forschungsmöglichkeiten in der Meteorologie und verwandten Gebieten in großem Maße erweitert. Um den Interessierten mit den neuesten Forschungsentwicklungen auf dem laufenden zu halten, veröffentlicht das **Archiv für Meteorologie, Geophysik und Bioklimatologie** Originalbeiträge in zwei getrennten Serien: die Serie A behandelt Themen wie allgemeine, theoretische und synoptische Meteorologie, Physik der Atmosphäre, des Meeres und der Erde; Serie B behandelt dagegen allgemeine und medizinische Klimatologie, Agroklimatologie und Mikroklimatologie sowie angewandte Meteorologie.

1975: Band 24 (Serie A), Band 23 (Serie B) (je 4 Hefte)
Preis pro Band: S 1690,—, DM 236,—, plus Versandspesen.

Springer-Verlag Wien GmbH

70.–71. Jahresbericht

des

Sonnblick-Vereines

für die Jahre 1972–1973

Geleitet von Prof. Dr. F. Steinhauser

Mit 32 Abbildungen im Text

Springer-Verlag Wien GmbH 1974

ISBN 978-3-211-81286-0   ISBN 978-3-7091-3979-0 (eBook)

DOI 10.1007/978-3-7091-3979-0

Inhalt

	Seite
Die Schneeverhältnisse Österreichs und ihre ökonomische Bedeutung, von Ferdinand Steinhauser (16 Abbildungen)	3
Regen im Hochgebirge (Analysen auf Grund der wahren Tageswerte des Niederschlags auf dem Sonnblick), von Adele und Friedrich Lauscher (2 Abbildungen)	43
Der Zustand von Gletschern im Großglockner- und Sonnblickgebiet am Ende des Eishaushaltsjahres 1972/73, von Hanns Tollner (4 Abbildungen)	56
Grundzüge der geomorphologischen und pflanzengeographischen Verhältnisse im Bereich der Sameralm, einer neuerrichteten Forschungsstation des Geographischen Institutes der Universität Salzburg, von H. Riedl (3 Abbildungen)	68
Geologische Grundlagen für ökologische Forschungen im Umkreis der Samer Alm bei Werfenweng, Pongau, Salzburg, von Therese Pippan (1 Abbildung)	79
Ergebnisse zweijähriger Abtragungsmessungen und Bodenbewegungsmessungen im Bereich „Mähder" in der Kreuzeckgruppe, Kärnten, von Erich Stocker (6 Abbildungen)	87
Bericht über klimatische Studien in Gebirgen aller Erdteile, von Friedrich Lauscher	98
Sektionschef Dr. Walter Sturminger†, von F. Steinhauser	106
Regierungsrat Dipl. Met. Ing. Franz Josef Gruber†, von L. Binder	106
Vereinsnachrichten	107
Bericht über die Tätigkeit des Sonnblick-Vereines	107
Ergebnisse der meteorologischen Beobachtungen auf dem Sonnblickgipfel (3106 m) aus den Jahren 1972 und 1973	109

Die Schneeverhältnisse Österreichs und ihre ökonomische Bedeutung[1]

Von FERDINAND STEINHAUSER, Wien

Mit 16 Abbildungen

Zusammenfassung

Mit Anführung charakteristischer Beispiele und regionaler Besonderheiten werden die verschiedenen Darstellungsmethoden der Schneeverhältnisse Österreichs besprochen. Es sind dies Karten der Verteilung der Zahl der Tage mit Schneedecke, des durchschnittlichen Beginnes der ersten Schneedecke und des durchschnittlichen Endes der letzten Schneedecke, der durchschnittlich größten Schneehöhe und der durchschnittlichen Neuschneesummen, die durchschnittliche Änderung dieser Schneedeckencharakteristiken mit der Höhe, Häufigkeitsverteilungen auf Grund 60jähriger Beobachtungen und die Veränderlichkeit der Schneedeckencharakteristiken, der Jahresgang der Zahl der Tage mit Schneedecke, der durchschnittlichen und der größten Schneehöhen und der Schneedeckenwahrscheinlichkeit, die Verteilung der Großschneefälle, die Schneeverhältnisse im Hochgebirge und ihre zeitlichen und örtlichen Veränderlichkeiten und langjährigen Änderungen der Schneedeckenverhältnisse. Die Möglichkeiten der Auswertung dieser Ergebnisse von Schneebeobachtungen für Werbung und Planungen für den Wintersport und Fremdenverkehr, für die Wasserwirtschaft, für die Planung und Durchführung von Bauten im Hochgebirge und besonders für den Bau von Hochgebirgsstraßen, für das Verkehrswesen und für die Land- und Forstwirtschaft werden hervorgehoben.

1. Die Nutzanwendung von Schneebeobachtungsdaten

Die klimatologische Bearbeitung der Schneebeobachtungen in Österreich gibt ein gutes Beispiel aus dem meteorologischen Beobachtungsgebiet, das zeigt, wie vielfältige wirtschaftliche und technische Nutzanwendungen aus den klimatologischen Erkenntnissen, die aus dem in jahrzehntelangen Beobachtungen gesammelten ungeheuren Datenmaterial abzuleiten sind, gezogen werden können.

Diese Nutzanwendungen bestehen darin, daß in den verarbeiteten Beobachtungsdaten Grundlagen für richtige Planungen verschiedener Art und für die zweckmäßige technische Durchführung von Bauprojekten zur Verfügung stehen, daß ihre Berücksichtigung Fehlplanungen verhindern und dadurch auch in ökonomischer Hinsicht Ersparungen im Material- und Personalaufwand erzielen läßt und das auch durch propagandistische Ausnutzung ein wirtschaftlicher Gewinn erzielt werden kann, was zum Beispiel bei der Erschließung neuer Gebiete für den Fremdenverkehr und die Werbung dafür von Bedeutung ist. Dies gilt für die praktische Verwertungsmöglichkeiten der meteorologischen und klimatologischen Beobachtungsdaten im allgemeinen, die in unserem Lande viel zu wenig ausgenutzt werden, im besonderen aber gerade für die Beobachtungsergebnisse über die Schneeverhältnisse, denen in verschiedener Hinsicht große wirtschaftliche Bedeutung zukommt.

In erster Linie ist hier die Bedeutung der Schneeverhältnisse für den Wintersport und damit auch für den Fremdenverkehr zu nennen. Für den Wintersport ist die Dauer

---

[1] Aus einem Vortrag an der Universität Salzburg.

der Schneedecke, ihre Mächtigkeit und die Wahrscheinlichkeit einer Schneedecke zu verschiedenen Zeiten von Bedeutung. Die Kenntnis dieser Daten ist für die Werbung wichtig, aber auch für die Erschließung neuer Wintersportgebiete und für die Beurteilung der Rentabilität von Investitionen, wie z. B. für den Bau von Hotels, Seilbahnen, Lifte und Zufahrtswege. Neben der Bedeutung des Wintersports für den Fremdenverkehr, kommt in neuerer Zeit auch dem zunehmenden Winterurlaubsverkehr Beachtung zu. Für den Winterurlauber ist das Vorhandensein einer Schneedecke auch in bioklimatischer Hinsicht von Bedeutung. Eine Schneedecke bedeutet eine Sicherung der Luftreinheit und durch die starke Reflexwirkung des Schnees auch eine Steigerung des Strahlungsgenusses und dies im besonderen im kurzwelligen Bereich. Dazu kommt noch die psychisch günstige Wirkung einer Schneelandschaft, die ebenfalls als bioklimatischer Faktor zu werten ist. Für Winterurlauber, die nicht Skifahrer sind, kommen aber auch gerade Gebiete abseits von den bekannten Wintersportgebieten und ihrem Massenbetrieb in Betracht, für deren Erschließung und Propagierung im besonderen auch Angaben über die Schneeverhältnisse von Wert sind.

Ein besonderer Interessent an den Schneeverhältnissen ist die Wasserwirtschaft. Für sie ist die Speicherung von Niederschlägen in der Schneedecke besonders in den höheren Gebirgslagen von Interesse und in diesem Sinne der gesamte gespeicherte Wasserwert, der Aufbau der Schneedecke, die Eintrittszeit des Maximums der Schneedecke, der zeitliche Verlauf ihres Abbaues und im Zusammenhang damit die Wasserspende aus der Schneedecke bis weit in den Frühling und zum Teil noch in den Sommer hinein. Für die Planung der Wasserkraftanlagen sind die durchschnittlichen Werte von Bedeutung, für ihren Betrieb aber auch die möglichen Änderungen von Jahr zu Jahr.

Besondere Bedeutung kommt den Schneeverhältnissen für Planungen für die technische Durchführung des Baus von Hochgebirgsstraßen zu. Hier sind Kenntnisse über die Schneeverhältnisse auch für die Abschätzung der Rentabilität der Benutzungsdauer dieser Straßen und der finanziellen Erfordernisse für die Schneeräumung in der vorgesehenen Benutzungszeit sowie für zu erwartende Reparaturarbeiten zufolge von Lawinenschäden und Unwetterkatastrophen von Wichtigkeit. Für die Anlage von Hochgebirgsstraßen sind nicht nur die Durchschnittswerte und die zeitlichen Veränderlichkeiten der Schneedeckencharakteristiken von Bedeutung, sondern auch räumliche Unterschiede der Schneedeckenverhältnisse, die oft in kleinen Abständen sehr groß sein können, wie wir aus den mustergültigen langjährigen Beobachtungen der Schneehöhen auf der Großglocknerhochalpenstraße wissen.

Die Schneedeckenverhältnisse sind nicht nur für die Hochgebirgsstraßen, sondern auch für die Aufrechterhaltung des Verkehrs auf allen Verkehrswegen von ökonomischer Bedeutung. Für die Kostenabschätzung kommt es dabei besonders auch auf die Kenntnis der Mächtigkeit und Verteilung von extremen Schneeverhältnissen in den verschiedenen Teilgebieten des Landes an.

Für die Bautechniker ist im Gebirge auch die Kenntnis der maximalen Schneehöhen als Belastungsgrenze für die Bauwerke von Wichtigkeit. Ihre Berücksichtigung hat ebenfalls Einfluß auf die Kostenberechnung des Bauwerkes. Auch bei Lawinenschutzbauten im Gebirge ist auf die zu erwartenden größten Schneehöhen Bedacht zu nehmen, um ihre Wirksamkeit zu sichern.

Für die Landwirtschaft bedeutet eine Schneedecke im Winter einen Wärmeschutz für die Wintersaat. Da Schnee ein schlechter Wärmeleiter ist, wird in strengen Wintern die Wintersaat kaum beschädigt, wo eine Schneedecke vorhanden ist, während in schneefreien Gebieten schwere Frostschäden auftreten können.

Auch für die Forstwirtschaft sind die Schneeverhältnisse von Bedeutung. Schwere Schneefälle bedeuten eine Belastung für die Bäume und führen oft zu Schädigungen. Da Schnee die einfallende Sonnenstrahlung sehr stark — bis zu 90% — reflektiert, erwärmt sich auch die Luft über einer Schneedecke an Schönwettertagen nur wenig und da Schnee die langwellige nächtliche Ausstrahlung im hohem Maße abgibt und wegen der schlechten Wärmeleitung des Schnees diese abgegebene Wärme nicht durch Wärmezufuhr aus dem Boden ersetzt werden kann, kühlt eine Schneedecke nachts stärker ab als aperer Boden, die Schneeoberfläche und die oberflächennächste Luft nehmen sehr tiefe Temperaturen an und es wird bei klarem Wetter in schneebedeckten Gebieten bedeutend kälter als in schneefreien Gebieten. Dies führt oft auch bei über die Schneedecke hinausragenden jungen Baumpflanzungen zu Schädigungen, im allgemeinen führt dies aber besonders in Tal- und Beckenlagen zu sehr tiefen Temperaturen, die eine Steigerung der Wohnraumheizung notwendig machen und auch im Wohnungsbau berücksichtigt werden sollten.

Aus alldem ist ersichtlich, daß den Schneeverhältnissen auch in ökonomischer Hinsicht große Bedeutung zukommt und ihnen in der Praxis mehr Beachtung geschenkt werden sollte, um daraus auch wirtschaftlichen Nutzen zu ziehen.

2. Das Beobachtungsmaterial

In Österreich gibt es seit dem Ende des vorigen Jahrhunderts von sehr vielen Stationen tägliche Schneebeobachtungen, die sich über alle Höhenlagen verteilen. Von den 730 Stationen mit langjährigen Beobachtungen entfallen 252 auf Höhen unter 500 m, 318 auf 500 bis 1000 m Höhe, 154 auf 1000 bis 2000 m Höhe und 5 Stationen auf Höhen über 2000 m. Dazu kommen vom Sonnblickverein mehrere auf dem Gebirgsstock des Sonnblicks bis 3000 m Höhe eingerichtete Schneepegel [1], die seit 45 Jahren regelmäßig um Monatsende abgelesen werden und außerordentlich zahlreiche Meßstellen entlang der Großglockner-Hochalpenstraße [2, 3], an denen im Auftrag der Glocknerstraßenverwaltung wöchentlich schon mehr als 30 Jahre lang Schneehöhenmessungen durchgeführt worden sind. Die Bearbeitung dieses ungeheuren Beobachtungsmaterials muß nicht nur nach wissenschaftlich klimatologischen Gesichtspunkten durchgeführt werden, sondern auch in einer Art, die den Erfordernissen der Praxis entspricht. Dazu gehören übersichtliche Darstellungen der durchschnittlichen Verhältnisse in Karten und Angaben von Durchschnittswerten der Schneedeckencharakteristiken, aber auch Angaben über die Veränderlichkeit dieser Werte, über ihren Streubereich, über Erwartungswerte in verschiedenen Zeiten im Laufe des Winterhalbjahres und auch über kleinräumige Unterschiede.

3. Schneekarten

Die Verteilung der wichtigsten Charakteristiken der Schneedeckenverhältnisse läßt sich in Karten größeren Maßstabs darstellen, denen ohne Schwierigkeit die Werte für einzelne Orte oder Gebiete entnommen werden können. Solche Karten liegen im Maßstab 1 : 500 000 bereits vor für die durchschnittliche Andauer der Schneedecke (das ist die Zahl der Tage mit Schneedecke) [4], für den durchschnittlichen Beginn der ersten Schneedecke und für das durchschnittliche Ende der letzten Schneedecke, für die durchschnittlichen maximalen Schneehöhen des Winters und für die durchschnittlichen Neuschneesummen der ganzen Schneefallzeit [5]. In der Verteilung dieser Größen wirkt sich die Orographie stark aus. Die Abnahme der Temperatur mit der Höhe bewirkt naturgemäß eine starke Höhenabhängigkeit der Schneedeckenverhältnisse, während Luv-

und Leewirkung den niederschlagbringenden Winden gegenüber einen starken Einfluß auf Unterschiede zwischen verschiedenen Gebieten in gleicher Höhenlage haben.

Die Auswahl der zur Darstellung der Schneeverhältnisse zu verwendenden Isolinien ist in technischer Hinsicht durch die Beschränkung auf eine endliche Anzahl bis etwa höchstens zehn Farbabstufungen bestimmt und muß andererseits in einem Lande mit Hochgebirge auch darauf Rücksicht nehmen, daß aus hohen Gebirgslagen nur wenige Beobachtungsstationen zur Verfügung stehen und daher dort eine gleiche Dichte von Isolinien wie in den mit einem dichten Netz von Beobachtungsstationen belegten Niederungen eine nichtberechtigte Genauigkeit vortäuschen würde. Es ist daher sowohl aus Platzmangel wie auch, um der geringeren Anzahl von Beobachtungsstationen Rechnung zu tragen, berechtigt, die Abstufung der Isolinien in den höheren Gebirgslagen größer als in der Niederung zu wählen.

3.1. Karte der Verteilung der Zahl der Tage mit Schneedecke

Die Isolinien in der Karte der Andauer der Schneedecke [4] grenzen Gebiete ab mit weniger als 30 Tagen mit Schneedecke, mit 30 bis 40, 40 bis 50, 50 bis 60, 60 bis 75, 75 bis 100, 100 bis 150, 150 bis 200 und mehr als 200 Tagen mit Schneedecke. Das Kartenbild scheint zunächst nur den Eindruck der Höhenabhängigkeit der Zahl der Tage mit Schneedecke wiederzugeben. Bei genaueren Studien zeigen sich aber im Vergleich der Zahl der Tage mit Schneedecke in gleicher Höhenlage in verschiedenen Teilgebieten große Unterschiede, die durch den Einfluß des Gebirges im Sinne einer Vermehrung der Niederschläge und damit auch einer Erhöhung der Zahl der Tage mit Schneedecke in Staugebieten und einer Verminderung der Zahl der Tage mit Schneedecke auf in abgeschirmten inneren Gebirgstälern oder im Lee von Gebirgszügen gelegenen Landesteilen verursacht werden. Zum Vergleich seien einige Beispiele in Tab. 1 angeführt.

Tabelle 1. Durchschnittliche Zahl der Tage mit Schneedecke in gleichen Höhenlagen in verschiedenen Teilgebieten Österreichs

Höhe, m	500	750	1000	1500	2000 m	
Südliches Vorarlberg	60	98	129	189	238	Tage
Nördliches Vorarlberg	60	98	135	200	240	Tage
Tiroler Nordalpen	95	120	140	175	230	Tage
Tiroler Zentralalpen westl. der Brenner Linie	—	—	102	160	205	Tage
Inneralpines Salzachtal	—	103	131	182	230	Tage
Salzburger Voralpen	80	129	154	205	253	Tage
Traunviertel-Salzkammergut	77	130	160	200	245	Tage
Inneralpines Ennstal	—	114	143	192	242	Tage
Östliches oberösterr. Voralpengebiet und Ybbstaleralpen	85	130	161	204	—	Tage
Südliches Niederösterreich östlich der Traisen	65	80	97	—	—	Tage
Mühlviertel-Weinviertel	65	100	130	—	—	Tage
Oberes Murtal und Mürztalgebiet	66	82	105	157	210	Tage

Tabelle 1 (Fortsetzung)

Südoststeiermark-Nordostkärnten	65	90	110	160	–	Tage
Südkärnten	90	107	127	175	235	Tage
Osttirol und Nordwestkärnten	81	93	108	145	200	Tage

Besonders in den mittleren und größeren Höhen sind die Unterschiede zwischen inneralpinen Lagen und Voralpengebieten ziemlich groß. So hat z. B. das Salzburger Voralpengebiet in Höhen über 750 m um 23 bis 26 mehr Tage mit Schneedecke als das inneralpine Salzachtalgebiet, oder die Ötztaler- und Stubaieralpen um 33 bis 40 weniger Tage mit Schneedecke in 1000 bis 1500 m Höhe als das nördliche Vorarlberg in gleicher Höhe, das Südkärntner Randgebiet mit der Höhe zunehmend um 9 bis 35 mehr Tage mit Schneedecke als Osttirol und das nordwestliche Kärntner Gebiet und das obere Murtalgebiet hat um 32 bis 38 weniger Tage mit Schneedecke als das inneralpine Ennstalgebiet.

3.2. Karten der Verteilung des durchschnittlichen Beginns der ersten und des Endes der letzten Schneedecke

Eine Abgrenzung der Schneedeckenzeit geben Karten des durchschnittlichen Beginns der ersten Schneedecke und des durchschnittlichen Endes der letzten Schneedecke [5]. In der Karte des Beginns der Schneedecke zeichnen Isolinien die Gebiete mit dem durchschnittlichen Beginn nach dem 21. Dezember, mit dem Beginn zwischen dem 11. und 21., 1. und 11. Dezember, zwischen 21. November und 1. Dezember, zwischen 11. und 21. November, 1. und 11. November, zwischen 16. Oktober und 1. November, 1. und 16. Oktober und vor dem 1. Oktober ab. Die Karte des Endes der Schneedecke veranschaulicht die Gebiete mit dem durchschnittlichen Ende der letzten Schneedecke vor dem 1. März, zwischen 1. und 11., 11. und 21. März, zwischen 21. März und 1. April, zwischen 1. und 16. April, zwischen 16. April und 1. Mai, zwischen 1. und 16. Mai, zwischen 16. Mai und 1. Juni, zwischen 1. und 16. Juni und nach dem 16. Juni. Für beide Karten gilt wieder, daß die Intervallbreiten zwischen den Isolinien in den unteren Schichten kürzer sind, nämlich 10 Tage umfassen, in den größeren Höhen aber länger sind, nämlich einen halben Monat umfassen. Auch in diesen Karten zeigt sich wieder der überragende Einfluß der Höhenabhängigkeit, wobei aber wieder wie bei der durchschnittlichen Andauer der Schneedecke auch hier beträchtliche Unterschiede zwischen verschiedenen Gebieten in gleicher Höhenlage bestehen, die bei einem genaueren Studium der Karten bemerkbar werden.

3.3. Karte der Verteilung der durchschnittlichen größten Schneehöhen

Neben der Dauer der Schneedecke ist aber die Verteilung ihrer durchschnittlichen größten Mächtigkeit von Interesse, die in der Karte der durchschnittlichen maximalen Schneehöhe [5] zur Darstellung gebracht ist. In dieser Karte grenzen die Isolinien die Gebiete ab, in denen die durchschnittlichen maximalen Schneehöhen der Winter weniger als 30 cm, 30 bis 50, 50 bis 75, 75 bis 100, 100 bis 150, 150 bis 200, 200 bis 250 und mehr als 250 cm betragen. Auch diese Karte zeigt wieder neben dem Einfluß der Höhenlage die räumlichen Unterschiede, die durch Stau- und Leelagen und die damit verbundenen Unterschiede in den Niederschlagsmengen verursacht sind. Wie groß diese Unterschiede sein können, zeigen die in Tab. 2 wiedergegebenen Beispiele von durchschnittlichen maximalen Schneehöhen in gleichen Höhenlagen in verschiedenen Teilgebieten.

Tabelle 2. Durchschnittlich maximale Schneehöhen in gleichen Höhenlagen in verschiedenen Teilgebieten Österreichs

Höhenlage	500	750	1000	1500	2000 m
Südliches Vorarlberg	39	76	100	175	272 cm
Nördliches Vorarlberg	45	88	133	225	330 cm
Tiroler Zentralalpen westlich d. Brennerlinie	—	—	50	98	150 cm
Tiroler Zentralalpen östl. d. Brennerlinie	—	64	103	173	238 cm
Tiroler Nordalpen westlich Kufstein	—	68	100	200	295 cm
Tiroler Nordalpen östlich Kufstein	—	82	117	200	295 cm
Inneralpines Salzachgebiet	—	59	81	150	250 cm
Alpenrandgebiet in Salzburg	59	92	125	188	265 cm
Traunviertel-Salzkammergut	47	99	162	250	330 cm
Inneralpines Ennstalgebiet	—	62	95	200	320 cm
Außeralpines Ennstalgebiet	55	93	140	242	330 cm
Niederösterr. Alpengebiet, westl. d. Traisen	55	93	154	250	— cm
Niederösterr. Alpengebiet, östl. d. Traisen	36	56	85	200	— cm
Waldviertel und Mühlviertel	34	54	82	—	— cm
Oststeiermark und Burgenland	29	40	54	—	— cm
Oberes Murtal- und Mürztalgebiet	30	42	58	127	230 cm
Unteres Murtalgebiet	33	46	61	113	— cm
Nordost-Kärnten	32	43	55	96	165 cm
Süd-Kärnten	59	82	105	150	220 cm
Osttirol und Nordwest-Kärnten	—	56	68	100	160 cm

Auch bei den durchschnittlichen maximalen Schneehöhen der Winter sind die Unterschiede in größeren Höhen wieder größer. Es haben z. B. die Salzburger Voralpen in Höhen über 750 m um 20 bis 44 cm größere durchschnittliche maximale Schneehöhen als das inneralpine Salzachgebiet, das westliche oberösterreichische Voralpengebiet um 30 bis 45 cm größere maximale Schneehöhen als das inneralpine Ennstalgebiet, das Bregenzerwald-Gebiet um 81 bis 180 cm größere durchschnittliche maximale Schneehöhen als die Ötztaler- und Stubaitaler Alpen in gleicher Höhe, das Südkärntner Randgebiet um 25 bis 62 cm größere maximale Schneehöhen als Osttirol und Nordwestkärnten und das obere Murtalgebiet und Mürzgebiet um 20 bis 74 cm kleinere maximale Schneehöhen als das inneralpine Ennstalgebiet.

3.4. Karte der Verteilung der durchschnittlichen jährlichen Neuschneesummen

Die maximalen Schneehöhen hängen zum Großteil von den während der Schneedeckenzeit gefallenen Neuschneemengen ab. Ihre Verteilung im langjährigen Durchschnitt zeigt die Schneekarte für die durchschnittlichen Summen der Neuschneehöhen [5]. In dieser Karte sind mit Isolinien die Gebiete mit weniger als 50 cm Neuschneesummen, mit Neuschneesummen von 50 bis 100, 100 bis 150, 150 bis 200, 200 bis 300, 300 bis 500, 500 bis 750, 750 bis 1000 und mit mehr als 1000 cm Neuschneesummen abgegrenzt. Diese Karte gibt einen Einblick in die durchschnittliche Gesamtschneesumme nach täglichen Messungen der Neuschneehöhen und in ihre Verteilung in Österreich. Auch hier zeigen sich neben der Höhenabhängigkeit wieder große Unterschiede in verschiedenen Teilgebieten. In Tab. 3 sind die mittleren Höhenlagen für verschiedene Mittelwerte der jährlichen Neuschneesummen angegeben.

Tabelle 3. Durchschnittliche Höhenlage verschiedener Mittelwerte der jährlichen Neuschneesummen in Teilgebieten Österreichs

Jährliche Neuschneesummen	50	100	150	200	250	300	400	500	750	1000	cm
Südliches Vorarlberg	—	400	540	650	750	850	1040	1180	1550	1850	m
Nördliches Vorarlberg	—	480	580	660	750	810	970	1110	1450	1700	m
Tirol: Zentralalpen westl. Wipptal	—	780	950	1100	1270	1400	1620	1730	2000	2380	m
Tirol: Zentralalpen östl. Wipptal	—	500	620	720	840	940	1120	1280	1700	2050	m
Tirol: Nordalpen westl. Kufstein	—	500	630	730	830	920	1080	1240	1620	1950	m
Tirol: Nordalpen östl. Kufstein	—	—	—	500	580	670	870	1100	1660	2150	m
Inneralpines Salzachgebiet	340	500	620	730	850	940	1120	1260	1650	2000	m
Alpenrandgebiet in Salzburg	—	—	340	470	570	670	850	1000	1400	1700	m
Oberösterreich: Voralpengebiet	240	360	440	520	600	660	790	900	1180	1550	m
Oberösterreich: Donau und westl. Mühlviertel	240	430	570	690	790	880	1020	1130	1300	—	m
Oberösterreich: östl. Mühlviertel	—	460	740	970	1120	—	—	—	—	—	m
Niederösterreich: Waldviertel	250	570	800	960	1050	—	—	—	—	—	m
Niederösterreich: Alpenvorland westl. Traisen	—	300	400	500	580	670	800	910	1170	1450	m
Niederösterreich: Alpenvorland östl. Traisen	200	400	600	750	880	980	1130	1250	1550	1800	m
Niederösterreich: Alpenostrand	200	430	630	800	900	1000	1200	1300	—	—	m
Burgenland	250	450	610	750	850	—	—	—	—	—	m
Oststeiermark	250	670	940	1170	1380	1540	1850	—	—	—	m
Südsteiermark	—	500	720	870	1050	1200	1430	1600	1950	—	m
Alpines Murtalgebiet	—	580	900	1120	1320	1480	1800	2000	—	—	m
Nord-Kärnten	—	750	1050	1250	1400	1550	1770	1950	—	—	m
Mittel- und Ost-Kärnten	—	—	950	1150	1300	1400	1600	1800	—	—	m
Süd-Kärnten	—	—	430	590	720	880	1170	1440	2100	—	m
Ost-Tirol und West-Kärnten	—	—	700	1000	1240	1380	1600	1830	—	—	m

4. Die durchschnittliche Änderung der Schneedeckencharakteristiken mit der Höhe

Die aus den den Karten zugrunde gelegten Durchschnittswerten für ganz Österreich abgeleiteten Änderungen der Schneedeckencharakteristiken mit der Höhe (Tab. 4), geben eine Grundlage für eine Abgrenzung der Größe der Abweichungen in den verschiedenen Gebieten oder an einzelnen Orten und sind sozusagen als Bezugswerte für Vergleiche anzusehen. Aus Mangel an Beobachtungsstellen im Hochgebirge können mit Zuverlässigkeit diese Höhenabhängigkeiten für den Durchschnitt von ganz Österreich nur bis etwa 2000 m Höhe abgeleitet werden.

In diesem Höhenbereich läßt sich die Zunahme der Zahl der Tage mit Schneedecke Z im Durchschnitt von ganz Österreich durch die Beziehung $Z = 23 + 0{,}95\,h$ darstellen, wo die Höhe h in Meter angegeben ist. In Wirklichkeit erfolgt die Zunahme in diesem Höhenbereich nicht ganz gleichmäßig, sondern es nimmt im Bereich von 200 bis 900 m Höhe die Zahl der Tage mit Schneedecke pro 100 m Erhebung um 11 Tage zu und im gleichen Ausmaß auch im Bereich von 1300 bis 2000 m, dazwischen aber im Bereich von 900 bis 1300 m Höhe nur um durchschnittlich 5 Tage pro 100 m. Es ist bemerkenswert, daß dieser Höhenbereich der langsameren Zunahme der Zahl der Tage mit Schneedecke mit der Höhe gerade in den Bereich der oberen Grenze der winterlichen Inversionen fällt, die auch in der durchschnittlichen Abnahme der Wintertemperatur mit der Höhe sich in einem Rückschlag dieser Abnahme im gleichen Höhenbereich zeigt [6]. Eine ähnliche Störung in der Änderung der durchschnittlichen Werte der Schneedeckencharakteristiken mit der Höhe zeigt sich auch in der Höhenabhängigkeit des Beginns und des Endes der

Schneedecke, der durchschnittlichen maximalen Schneehöhe und der durchschnittlichen Neuschneesummen.

Tabelle 4. Höhenabhängigkeit der Mittelwerte der Schneedeckendaten für Österreich 1901—1950

Seehöhe	Tage mit Schneedecke	Beginn der Schneedecke	Ende der Schneedecke	Mittlere Neuschneesummen	Durchschnittliche maximale Schneehöhen
200 m	38 Tage	12. Dez.	3. März	60 cm	23 cm
300 m	47 Tage	2. Dez.	10. März	80 cm	27 cm
400 m	59 Tage	28. Nov.	16. März	110 cm	33 cm
500 m	71 Tage	23. Nov.	22. März	140 cm	41 cm
600 m	84 Tage	19. Nov.	28. März	175 cm	50 cm
700 m	95 Tage	14. Nov.	2. April	205 cm	59 cm
800 m	105 Tage	10. Nov.	7. April	235 cm	67 cm
900 m	117 Tage	6. Nov.	13. April	280 cm	78 cm
1000 m	121 Tage	5. Nov.	16. April	320 cm	84 cm
1100 m	125 Tage	3. Nov.	20. April	320 cm	84 cm
1200 m	130 Tage	28. Okt.	24. April	355 cm	90 cm
1300 m	136 Tage	28. Okt.	25. April	360 cm	98 cm
1400 m	148 Tage	27. Okt.	28. April	410 cm	110 cm
1500 m	161 Tage	22. Okt.	5. Mai	485 cm	129 cm
1600 m	177 Tage	18. Okt.	11. Mai	560 cm	150 cm
1700 m	191 Tage	14. Okt.	18. Mai	640 cm	171 cm
1800 m	201 Tage	10. Okt.	24. Mai	710 cm	192 cm
1900 m	209 Tage	6. Okt.	30. Mai	795 cm	213 cm
2000 m	216 Tage	2. Okt.	4. Juni	850 cm	233 cm

Im Höhenbereich bis 2000 m läßt sich in erster Annäherung die Verfrühung des durchschnittlichen Beginns der ersten Schneedecke der Höhe durch die Beziehung $B = 346 - 0{,}036\,h$ darstellen, wo B die Datumszahl, gezählt vom 1. Jänner an, und h die Höhenmeter bedeuten. Das heißt, daß pro 100 m der Beginn der durchschnittlich ersten Schneedecke sich um 3,6 Tage verfrüht. Tatsächlich beträgt die Verfrühung von 300 bis 900 m und von 1400 bis 2400 m 4,3 Tage pro 100 m Erhebung, im Höhenabschnitt von 900 bis 1400 m aber durchschnittlich nur 2 Tage pro 100 m.

Die Verspätung des durchschnittlichen Endes der letzten Schneedecke mit der Höhe läßt sich im Bereich bis zu 2000 m annähernd durch die Beziehung $E = 53 + 0{,}052\,h$ darstellen, wo E wieder die Datumszahl, vom 1. Jänner an gezählt, und h die Höhe in Meter bedeuten. Tatsächlich zeigt sich auch hier wieder eine Unterbrechung der gleichmäßigen Änderung mit der Höhe im Höhenbereich von 900 bis 1400 m, wo das durchschnittliche Ende der letzten Schneedecke sich nur um 3 Tage pro 100 m Erhebung verspätet, während im Höhenbereich von 200 bis 900 m die Verspätung 5,9 Tage pro 100 m und im Bereich von 1400 bis 2400 m 6,1 Tage pro 100 m Höhe Erhebung beträgt.

Ein noch deutlicherer Bruch in der Änderung mit der Höhe im Bereich zwischen 900 und 1400 m zeigt sich in der Höhenabhängigkeit der durchschnittlichen Neuschneesummen und der mittleren maximalen Schneehöhen im Durchschnitt von ganz Österreich.

Die mittleren Neuschneesummen nehmen von 200 bis 900 m Höhe im Durchschnitt um 34 cm pro 100 m mit der Höhe zu, zwischen 900 und 1400 m sehr unregelmäßig aber im Durchschnitt nur um 26 cm pro 100 m, darüber bis 2000 m Höhe aber viel mehr, nämlich im Durchschnitt um 70 cm pro 100 m.

Ganz ähnlich wie bei den Neuschneesummen unterteilt sich auch die Zunahme der durchschnittlichen maximalen Schneehöhen der Winter mit der Höhe in eine untere

Schicht bis 900 m mit einer durchschnittlichen Zunahme um 7,9 cm pro 100 m, eine Übergangsschicht von 900 bis 1400 m mit einer durchschnittlichen Zunahme um nur 6,4 cm pro 100 m und darüber eine Schicht mit einer bedeutend stärkeren Zunahme um durchschnittlich 20,5 cm pro 100 m Erhebung.

Die Tatsache der Unterbrechung der Änderung der Werte der Schneedeckencharakteristiken mit der Höhe in eine untere Schicht und in eine obere Schicht ist wieder ein Beleg für die Existenz einer sogenannten Grundschicht der Atmosphäre, die von Schneider-Carius [7] als bedeutungsvolle Erscheinung im Aufbau der Atmosphäre eingeführt worden ist, in der sich verschiedenes Wettergeschehen anders abspielt und auswirkt wie in der darüberliegenden Schicht der Troposphäre.

5. Die Häufigkeitsverteilung der Schneedeckencharakteristiken

Um eine richtige Beurteilung der Bedeutung der Mittelwerte oder Durchschnittswerte zu erhalten, ist es notwendig, zu wissen, aus welchen Werten und in welcher Form diese aus dem Kollektiv der Einzelwerte resultieren. Den besten Einblick darin gewähren Häufigkeitsverteilungen. Diese wurden für die Stationen mit 60jährigen Beobachtungen aus der Zeit vom Winter 1900/01 bis zum Winter 1959/60 abgeleitet.

5.1. Die Veränderlichkeit der Zahl der Tage mit Schneedecke

Für eine Auswahl von Stationen aus verschiedenen Teilgebieten zeigen die Tab. 5 und die Abb. 1 Beispiele von Häufigkeitsverteilungen der Zahl der Tage mit Schneedecke in den Wintern der 60 Jahre. Für die einzelnen Teilgebiete sind in Abb. 1 die

Tabelle 5. Häufigkeitsverteilung der Zahl der Tage mit Schneedecke (1900/01—1959/60)[1]

Zahl der Tage mit Schneedecke	<70	70—79	80—89	90—99	100—109	110—119	120—129	130—139	140—149	150—159	160—169	170—179	180—189	190—199	≥200
Langen, 1220 m	—	—	—	—	1	—	1	2	2	8	13	14	11	5	3
Längenfeld, 1164 m	—	—	1	6	6	11	11	14	9	—	1	1	—	—	—
Seefeld, 1176 m	—	—	—	—	1	6	6	14	14	8	8	2	—	1	—
Gerlos, 1254 m	—	—	—	—	—	3	1	6	4	13	17	10	4	1	1
Kirchberg i. T., 833 m	—	1	1	3	9	9	14	9	9	3	2	—	—	—	—
Paß Thurn, 1215 m	—	—	—	2	2	3	7	8	12	14	7	1	—	2	—
Mitterkleinarl, 1014 m	—	—	—	—	—	7	8	17	13	11	2	1	1	—	—
Abtenau, 712 m	2	—	2	6	14	9	11	6	6	1	3	—	—	—	—
Gosau, 744 m	—	—	—	1	4	9	8	13	9	11	3	—	1	—	1
Lackenhof, 830 m	—	—	—	1	1	3	7	14	4	16	7	1	4	2	—
Filzmoos, 1050 m	—	—	—	—	—	5	7	7	6	13	14	4	3	1	—
Untertauern, 1004 m	—	—	—	—	—	—	2	3	9	10	15	11	5	4	1
Zederhaus, 1215 m	—	—	2	6	9	11	11	8	2	7	4	—	—	—	—
Hochalpe, 1178 m	—	1	4	2	1	6	4	12	8	7	8	5	2	—	—
St. Peter ob Rw., 1220 m	1	6	5	3	5	11	10	9	3	4	2	1	—	—	—
Luggau, 1142 m	2	1	1	2	3	7	12	10	10	5	2	2	2	1	—

[1] Weitere Angaben über Häufigkeitsverteilungen der Zahl der Tage mit Schneedecke findet man in [1] Seite 13 für St. Johann im Pongau (600 m), Saalfelden (744 m), Stuhlfelden (780 m), Dorfgastein (840 m), Rauris (945 m), Saalbach (1010 m), Böckstein (1120 m), Bucheben (1140 m), Naßfeld (1630 m), Schmittenhöhe (1964 m) und Mooserboden (2036 m) nördlich des Zentralalpenkammes und für Sachsenburg (550 m), Lienz (666 m), Obervellach (675 m), Döllach (1025 m), Mallnitz (1186 m), Iselsberg (1205 m), St. Jakob i. Defr. (1410 m), Heiligenblut (1380 m) und Innerkrems (1520 m) südlich des Zentralalpenkammes.

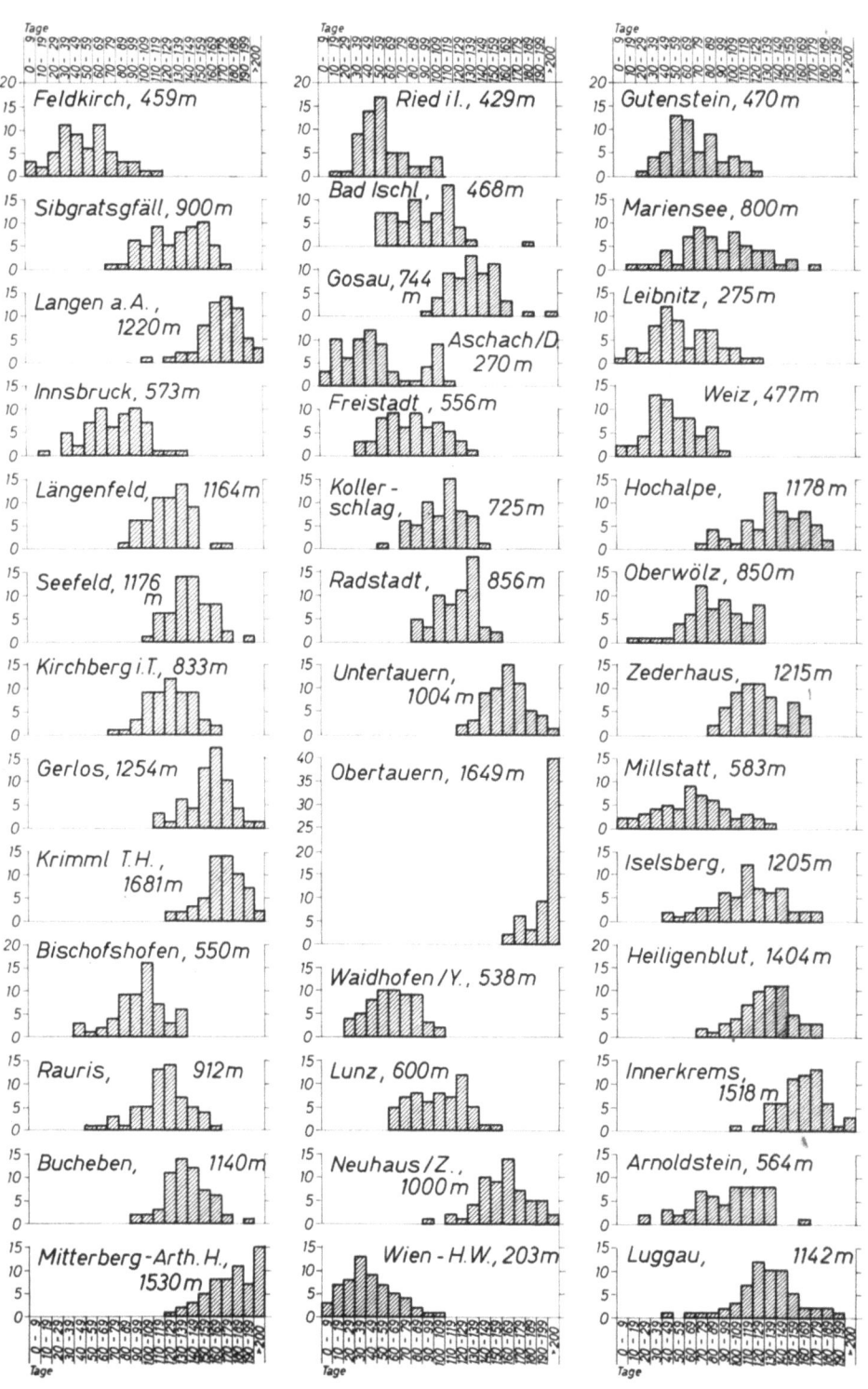

Abb. 1. Häufigkeitsverteilung der Zahl der Tage mit Schneedecke in den 60 Wintern 1900/01 bis 1959/60.

Tabelle 6. Mittelwerte, Extremwerte und Variationsbreite der Zahl der Tage mit Schneedecke (Winter 1900/01—1959/60)

Station	Mittel	Min.	Winter	Max.	Winter	Variationsbreiten
Feldkirch, 459 m	53	2	1927/28	113	1928/29	111 Tage
Langen, 1220 m	171	109	1926/27	218	1905/06	109 Tage
Schröcken, 1260 m	176	136	1953/54	217	1936/37	81 Tage
Innsbruck, 573 m	76	16	1916/17	135	1952/53	119 Tage
Längenfeld, 1164 m	124	89	1921/22	171	1916/17	82 Tage
Seefeld, 1176 m	142	105	1948/49	193	1905/06	188 Tage
Gerlos, 1254 m	158	111	1953/54	200	1936/37	89 Tage
Kirchbichl, 490 m	93	41	1920/21	135	1919/20	94 Tage
Kirchberg in Tirol, 833 m	124	78	1900/01	167	1943/44	89 Tage
Paß Thurn, 1215 m	140	97	1959/60	195	1905/06, 1950/51	98 Tage
Stuhlfelden, 773 m	111	76	1900/01	151	1919/20	75 Tage
Krimml, 1050 m	129	71	1958/59	178	1905/06	107 Tage
Krimmler Tauernhaus, 1681 m	168	123	1953/54	212	1905/06, 1936/37	89 Tage
Bischofshofen, 550 m	98	43	1929/30, 1932/33	133	1912/13	90 Tage
Rauris, 912 m	118	52	1958/59	159	1905/06, 1916/17	107 Tage
Bucheben, 1140 m	139	91	1911/12	199	1905/06	108 Tage
Mitterberg-Arthurhaus, 1503 m	182	127	1920/21	242	1936/37	115 Tage
Salzburg, 428 m	71	36	1956/57	115	1923/24	79 Tage
Abtenau, 712 m	118	54	1929/30	167	1937/38	103 Tage
Linz, 260 m	47	7	1926/27	100	1939/40	93 Tage
Freistadt, 556 m	81	38	1912/13, 1926/27	130	1943/44	92 Tage
Hellmansödt, 824 m	100	58	1947/48	148	1943/44	90 Tage
Kremsmünster, 388 m	56	13	1926/27	113	1923/24	100 Tage
Bad Ischl, 468 m	93	52	1916/17	187	1925/26	135 Tage
Gosau, 744 m	136	91	1932/33	214	1955/56	123 Tage
Waidhofen a. d. Ybbs, 358 m	62	26	1915/16, 1924/25	107	1939/40	81 Tage
Lunz am See, 600 m	103	60	1901/02	156	1943/44	96 Tage
Neuhaus am Zellerrain, 1000 m	161	96	1921/22	210	1936/37	114 Tage
Wien-Hohe Warte, 203 m	42	6	1904/05	103	1939/40	97 Tage
Rekawinkel, 405 m	55	16	1924/25	115	1939/40	99 Tage
Reichenau, 496 m	53	11	1911/12	110	1943/44	99 Tage
Mariensee, 800 m	91	17	1958/59	177	1941/42	160 Tage
Radstadt, 856 m	120	83	1932/33	151	1933/34	68 Tage
Untertauern, 1004 m	163	128	1952/53	209	1905/06	81 Tage
Obertauern, 1649 m	210	161	1939/40	258	1906/07	97 Tage
Tweng, 1235 m	131	98	1920/21	171	1950/51	73 Tage
Weiz, 477 m	50	5	1924/25	98	1930/31	93 Tage
Hochalpe, 1178 m	138	74	1924/25	184	1950/51	110 Tage
Bad Gleichenberg, 300 m	52	3	1924/25	104	1908/09	101 Tage
Deutschlandsberg, 372 m	63	10	1958/59	125	1931/32	115 Tage
Eisenkappel, 554 m	91	20	1924/25	151	1908/09	131 Tage
Millstatt, 583 m	70	5	1958/59	131	1916/17	126 Tage
Techendorf, 926 m	120	50	1958/59	175	1916/17	125 Tage
Iselsberg, 1205 m	114	40	1924/25	177	1905/06	137 Tage
Heiligenblut, 1404 m	131	77	1924/25	179	1916/17	102 Tage
Innerkrems, 1518 m	163	100	1942/43	212	1933/34	112 Tage
Feistritz a. d. Glan, 620 m	108	30	1958/59	166	1905/06	136 Tage
Luggau, 1142 m	131	67	1948/49	191	1950/51	124 Tage

Stationen nach ihrer Höhenlage geordnet, so daß damit auch ein Einblick in die Höhenabhängigkeit der Streuung der Zahl der Tage mit Schneedecke und gleichzeitig auch ein Vergleich verschiedener Gebiete ermöglicht wird. Die Häufigkeiten sind nach Klassenintervallen von je 10 Tagen nur bis 199 Tage eingetragen. Bei höhergelegenen Stationen in schneereichen Gebieten kommt auch eine größere Zahl von Tagen mit Schneedecken vor, die in dem Klassenintervall > 200 zusammengefaßt sind. Von den in Abb. 1 aufgenommenen Stationen gilt dies für Langen am Arlberg mit einem Maximum von 218 Tagen mit Schneedecke, für das Krimmler Tauernhaus mit einem Maximum von 212 Tagen, für Mitterberg-Arturhaus mit einem Maximum von 242 Tagen, für Gosau mit einem Maximum von 214 Tagen, für Obertauern mit einem Maximum von 258 Tagen, für Neuhaus am Zellerrain mit 210 Tagen und für Innerkrems mit einem Maximum von 212 Tagen mit Schneedecke. Von diesen Stationen abgesehen, weisen die in Abb. 1 dargestellten Häufigkeitsverteilungen annähernd symmetrische Formen auf, so daß meist der Durchschnittswert annähernd auch dem häufigsten Wert entspricht. Die Variationsbreite ist aber in den meisten Stationen sehr groß, wovon einige Beispiele in Tab. 6 ein Bild geben. In dieser Tabelle ist auch angegeben, in welchem Winter die kleinste und die größte Zahl der Tage mit Schneedecke vorgekommen ist.

Die Variationsbreite der Zahl der Tage mit Schneedecke kann demnach in den verschiedenen Wintern 2½ bis 4 Monate betragen.

Tabelle 7. Häufigkeitsverteilung von Beginn und Ende der Schneedecken in den Wintern 1900/01 bis 1959/60

a) Häufigkeiten des Beginnes der ersten Schneedecke

	vor 11. 9.	11. 9.–20. 9.	21. 9.–30. 9.	1. 10.–10. 10.	11. 10.–20. 10.	21. 10.–30. 10.	31. 10.–9. 11.	10. 11.–19. 11.	20. 11.–29. 11.	30. 11.–9. 12.	10. 12.–19. 12.	20. 12.–29. 12.	30. 12.–8. 1.	9. 1.–18. 1.	nach 18. 1.
Feldkirch	—	—	—	—	—	5	3	11	11	13	7	5	3	2	—
Langen	3	4	5	11	4	17	4	6	2	4	—	—	—	—	—
Innsbruck	—	—	—	—	1	4	9	17	10	9	7	2	2	—	—
Längenfeld	—	—	—	5	3	14	9	13	9	4	2	1	—	—	—
Seefeld	—	—	1	8	7	16	5	11	6	4	1	1	—	—	—
Kirchberg i. Tirol	—	—	1	5	5	6	13	16	6	4	1	1	2	—	—
Paß Thurn	—	1	6	7	10	12	8	12	2	1	—	1	—	—	—
Krimmler Tauernhaus	—	3	5	14	5	13	8	6	3	3	—	—	—	—	—
Salzburg	—	—	—	1	2	4	6	11	12	13	7	1	2	1	—
Abtenau	—	—	1	4	6	8	11	15	6	7	1	1	—	—	—
Kremsmünster	—	—	—	—	—	3	6	14	9	9	10	2	4	3	—
Gosau	—	—	1	5	8	9	9	15	5	6	1	1	—	—	—
Kollerschlag	—	—	—	—	3	7	10	17	6	12	3	1	1	—	—
Lunz am See	—	—	—	5	3	12	12	13	5	6	3	1	—	—	—
Neuhaus a. Zellerrain	—	—	5	8	12	13	12	7	1	2	—	—	—	—	—
Wien-Hohe Warte	—	—	—	—	—	1	3	11	8	14	5	5	6	2	5
Mariensee	—	—	1	3	3	14	11	14	5	4	3	1	—	1	—
Radstadt	—	—	2	4	2	10	14	10	10	3	4	1	—	—	—
Untertauern	—	1	4	8	7	15	9	8	4	3	—	1	—	—	—
Obertauern	3	10	9	15	9	6	3	3	1	1	—	—	—	—	—
Weiz	—	—	—	1	1	6	6	11	7	8	8	6	3	2	1
Hochalpe	—	2	3	8	8	12	10	11	3	2	1	—	—	—	—
Arnoldstein	—	—	—	1	2	13	11	14	7	6	2	2	1	—	1
Luggau	—	—	1	5	3	25	11	7	4	1	1	2	—	—	—

Tabelle 7 (Fortsetzung)

b) Häufigkeiten des Endes der letzten Schneedecke

	vor 31. 1.	31. 1.–9. 2.	10. 2.–19. 2.	20. 2.–1. 3.	2. 3.–11. 3.	12. 3.–21. 3.	22. 3.–31. 3.	1. 4.–10. 4.	11. 4.–20. 4.	21. 4.–30. 4.	1. 5.–10. 5.	11. 5.–20. 5.	21. 5.–30. 5.	31. 5.–9. 6.	10. 6.–19. 6.	20. 6.–29. 6.	nach 29. 6.
Feldkirch	3	3	3	8	6	13	11	5	5	2	1	–	–	–	–	–	–
Langen	–	–	–	–	1	–	–	1	5	11	17	12	5	4	1	2	1
Innsbruck	1	1	3	11	9	13	9	6	3	2	1	–	–	1	–	–	–
Längenfeld	–	–	–	–	1	2	11	14	8	12	5	2	3	1	1	–	–
Seefeld	–	–	–	–	–	1	3	6	14	18	12	2	3	1	–	–	–
Kirchberg in Tirol	–	–	–	–	3	1	11	13	14	8	7	–	–	2	–	1	–
Paß Thurn	–	–	–	–	–	–	1	4	6	11	12	12	10	4	–	–	–
Krimmler Tauernhaus	–	–	–	–	–	–	–	1	1	6	7	17	18	6	1	2	1
Salzburg	–	–	–	6	4	11	10	13	7	6	2	1	–	–	–	–	–
Abtenau	–	–	–	3	1	5	9	12	14	10	4	2	–	–	–	–	–
Kremsmünster	1	1	3	11	11	13	8	7	4	–	1	–	–	–	–	–	–
Gosau	–	–	–	–	–	2	5	11	15	17	7	1	1	1	–	–	–
Kollerschlag	–	–	–	3	5	9	11	14	11	6	1	–	–	–	–	–	–
Lunz am See	–	–	–	1	2	5	7	9	17	13	4	1	–	1	–	–	–
Neuhaus am Zellerrain	–	–	–	–	1	–	–	–	13	16	16	10	3	1	–	–	–
Wien-Hohe Warte	2	3	13	2	8	13	8	7	3	1	–	–	–	–	–	–	–
Mariensee	–	–	–	3	5	9	8	12	10	8	3	2	–	–	–	–	–
Radstadt	–	–	–	1	2	9	6	10	15	12	3	1	–	1	–	–	–
Untertauern	–	–	–	–	–	–	–	1	11	14	21	7	4	1	–	1	–
Obertauern	–	–	–	–	–	–	–	–	2	5	7	18	15	7	5	1	–
Weiz	1	5	6	9	11	11	10	5	1	1	–	–	–	–	–	–	–
Hochalpe	–	–	–	–	–	1	3	6	16	12	13	5	2	1	1	–	–
Arnoldstein	–	–	–	3	5	8	11	12	10	8	1	2	–	–	–	–	–
Luggau	–	–	–	1	–	–	5	11	11	15	10	3	2	2	–	–	–

Weitere Angaben über Häufigkeitsverteilungen von Beginn der ersten und Ende der letzten Schneedecke findet man in [1] Seite 11 und 12 für die in der Fußnote zu Tabelle 5 angeführten Orte.

5.2. Die Veränderlichkeit von Beginn und Ende der Schneedecke

Auch der Beginn der ersten Schneedecke und das Ende der letzten Schneedecke können in den einzelnen Jahren sehr unterschiedlich eintreten, wie die Beispiele in Tab. 7 zeigen, in denen die Häufigkeiten nach Klassenintervallen von je 10 Tagen angegeben sind. Einige Beispiele sollen wieder eine Vorstellung von der Größe der Variationsbreite dieser Eintrittszeit in den 60 Wintern 1900/01 bis 1959/60 geben (Tab. 8).

Daraus ist ersichtlich, daß im allgemeinen der Beginn der ersten Schneedecke zeitlich weniger variiert als das Ende der letzten Schneedecke. Die Eintrittszeiten des Beginns der ersten Schneedecke schwanken in den einzelnen Stationen um 2½ bis nahezu 4 Monate, die Eintrittszeiten des Endes der letzten Schneedecke um nahezu 3 Monate bis mehr als 4½ Monate. Die Häufigkeitsverteilungen der Eintrittszeiten zeigen annähernd eine symmetrische Form, so daß der häufigste Wert dem Mittelwert im allgemeinen ziemlich nahe kommt.

5.3. Die Veränderlichkeit der maximalen Schneehöhen

Eine andere Form der Häufigkeitsverteilungen weisen die maximalen Schneehöhen auf, von denen einige Beispiele die Tab. 9 bringt. An Orten mit nicht sehr großen maxi-

Tabelle 8. Durchschnittswerte, Extremwerte und Variationsbreite der Eintrittszeiten des Beginns der ersten und des Endes der letzten Schneedecke (Winter 1900/01 bis 1959/60)

	Beginn der ersten Schneedecke				Ende der letzten Schneedecke			
	Mittel	frühest	spätest	Differenz Tage	Mittel	frühest	spätest	Differenz Tage
Feldkirch	1. 12.	25. 10. 1941	12. 1. 1901	79	14. 3.	16. 12. 1927	7. 5. 1957	142
Langen	22. 10.	5. 9. 1915	9. 12. 1929	95	7. 5.	5. 3. 1927	8. 7. 1954	125
Innsbruck	22. 11.	17. 10. 1919	5. 1. 1935	80	13. 3.	18. 1. 1916	9. 6. 1956	142
Längenfeld	10. 11.	1. 10. 1957	21. 12. 1953	81	10. 4.	5. 3. 1936	10. 6. 1956	97
Seefeld	1. 11.	22. 9. 1931	20. 12. 1953	89	21. 4.	20. 3. 1943	3. 6. 1953	75
Gerlos	19. 10.	11. 9. 1937	20. 12. 1953	100	5. 5.	31. 3. 1960	24. 6. 1907	85
Kirchberg in Tirol	9. 11.	22. 9. 1931	2. 1. 1935	102	10. 4.	2. 3. 1928	24. 6. 1955	114
Paß Thurn	24. 10.	11. 9. 1937	21. 12. 1953	101	26. 4.	20. 3. 1942	28. 3. 1933	8
Kaprun	10. 11.	1. 10. 1926	21. 12. 1953	81	8. 4.	21. 2. 1928	23. 5. 1936	91
Krimmler Tauernhaus	22. 10.	11. 9. 1937	2. 12. 1920	82	9. 5.	28. 3. 1959	23. 6. 1921	87
Saalfelden	15. 11.	22. 9. 1916	31. 12. 1900	100	3. 4.	9. 3. 1943	19. 5. 1955	71
Rauris	2. 11.	11. 9. 1937	21. 12. 1953	101	13. 4.	25. 2. 1928	23. 5. 1936	87
Salzburg	23. 11.	8. 10. 1936	10. 1. 1949	94	30. 3.	23. 2. 1916	17. 5. 1935	83
Abtenau	9. 11.	24. 9. 1931	21. 12. 1953	88	5. 4.	21. 2. 1928	17. 5. 1935	84
Freistadt	23. 11.	22. 10. 1935	1. 1. 1935	71	21. 3.	24. 1. 1918	27. 4. 1960	93
Kollerschlag	17. 11.	13. 10. 1905	30. 12. 1900	78	1. 4.	23. 2. 1918	8. 5. 1957	74
Kremsmünster	29. 11.	26. 10. 1950	16. 1. 1937	82	15. 3.	28. 1. 1948	2. 5. 1935	94
Gosau	6. 11.	21. 9. 1931	21. 12. 1953	91	18. 4.	21. 3. 1948	9. 6. 1956	80
Waidhofen a. d. Ybbs	25. 11.	8. 10. 1936	11. 2. 1945	126	22. 3.	25. 12. 1916	30. 4. 1919	126
Lunz am See	8. 11.	2. 10. 1936	21. 12. 1953	80	9. 4.	29. 2. 1928	9. 6. 1956	100
Neuhaus am Zellerrain	25. 10.	22. 9. 1931	2. 12. 1902	71	30. 4.	10. 3. 1947	4. 6. 1953	86
Wien-Hohe Warte	8. 12.	30. 10. 1940	3. 2. 1905	96	8. 3.	24. 1. 1927	30. 4. 1940	96
Rekawinkel	24. 11.	21. 10. 1905	21. 1. 1958	92	22. 3.	4. 1. 1927	24. 4. 1929	110
Gutenstein	20. 11.	7. 10. 1936	3. 1. 1935	88	27. 3.	10. 2. 1914	11. 5. 1953	90
Mariensee	7. 11.	26. 9. 1906	9. 1. 1933	105	3. 4.	24. 2. 1914	11. 5. 1953	76
Radstadt	8. 11.	22. 9. 1916	21. 12. 1953	90	8. 4.	26. 2. 1928	3. 6. 1953	97
Untertauern	29. 10.	15. 9. 1955	21. 12. 1953	97	3. 5.	5. 4. 1947	19. 6. 1927	85
Obertauern	9. 10.	4. 9. 1907	2. 12. 1920	89	29. 5.	30. 4. 1940	8. 7. 1948	69
Tamsweg	7. 11.	12. 9. 1937	6. 1. 1901	116	8. 4.	8. 2. 1903	3. 6. 1953	125
Weiz	28. 11.	10. 10. 1944	23. 2. 1925	136	8. 3.	28. 1. 1912	29. 4. 1942	91
Hochalpe	27. 10.	11. 9. 1912	15. 12. 1948	95	24. 4.	15. 3. 1930	10. 6. 1956	87
Leibnitz	26. 11.	7. 10. 1936	6. 1. 1901	91	8. 3.	6. 1. 1920	6. 5. 1957	120
Millstatt	28. 11.	7. 10. 1936	12. 1. 1958	97	9. 3.	31. 1. 1949	1. 5. 1907	90
Iselsberg	7. 11.	1. 10. 1926	7. 1. 1958	98	12. 4.	10. 2. 1949	3. 6. 1953	113
Heiligenblut	4. 11.	2. 10. 1926	16. 12. 1948	75	15. 4.	12. 3. 1959	4. 6. 1953	84
Innerkrems	25. 10.	11. 9. 1937	3. 12. 1957	83	29. 4.	18. 3. 1924	30. 6. 1959	104
Arnoldstein	13. 11.	7. 10. 1936	27. 1. 1925	112	2. 4.	21. 2. 1949	14. 5. 1922	82
Luggau	31. 10.	26. 9. 1912	21. 12. 1955	86	20. 4.	23. 2. 1949	3. 6. 1953	100

malen Schneehöhen sind die Häufigkeitsverteilungen in dem Sinne schief, daß die kleineren Werte viel häufiger vorkommen als größere Werte und daher der Zentralwert meist etwas unter dem Mittelwert der maximalen Schneehöhen liegt. An Orten mit großen Schneehöhen sind die Häufigkeitsverteilungen auch bei den maximalen Schneehöhen wieder annähernd symmetrisch wie z. B. in Langen oder in Mitterberg-Arthurhaus. Die Häufigkeitsverteilungen in Tab. 9 sind nach Klassenintervallen von je 20 cm eingeteilt. Die Werte über 300 cm sind in der Tabelle zusammengenommen.

Tabelle 9. Häufigkeitsverteilung der maximalen Schneehöhen in den Wintern 1900/01 bis 1959/60

	< 20 cm	20–39 cm	40–59 cm	60–79 cm	80–99 cm	100–119 cm	120–139 cm	140–159 cm	160–179 cm	180–199 cm	200–219 cm	220–239 cm	240–259 cm	260–279 cm	280–299 cm	≥ 300 cm
Feldkirch	14	29	9	6	2	—	—	—	—	—	—	—	—	—	—	—
Langen	—	—	—	1	4	1	6	8	8	7	12	4	4	2	3	—
Innsbruck	9	37	12	2	—	—	—	—	—	—	—	—	—	—	—	—
Längenfeld	3	18	23	11	3	2	—	—	—	—	—	—	—	—	—	—
Seefeld	—	1	7	8	19	10	7	3	3	1	1	—	—	—	—	—
Gerlos	—	—	1	7	21	15	8	5	3	—	—	—	—	—	—	—
Kirchbichl	3	14	20	15	6	2	—	—	—	—	—	—	—	—	—	—
Kirchberg in Tirol	—	2	10	20	15	8	4	1	—	—	—	—	—	—	—	—
Paß Thurn	—	—	5	10	14	13	9	5	1	2	—	—	1	—	—	—
Krimmler Tauernhaus	—	—	6	10	15	12	7	6	1	1	—	1	1	—	—	—
Bischofshofen	3	15	23	12	4	2	1	—	—	—	—	—	—	—	—	—
Mitterberg-Arthurhaus	1	—	—	1	—	3	7	6	11	3	8	7	4	—	1	3
Salzburg	8	32	18	2	—	—	—	—	—	—	—	—	—	—	—	—
Abtenau	—	3	12	18	10	9	4	1	1	2	—	—	—	—	—	—
Kremsmünster	22	24	10	3	—	1	—	—	—	—	—	—	—	—	—	—
Bad Ischl	—	17	18	14	9	1	1	—	—	—	—	—	—	—	—	—
Gosau	—	—	5	8	15	11	3	11	4	3	—	—	—	—	—	—
Linz	36	19	4	1	—	—	—	—	—	—	—	—	—	—	—	—
Kollerschlag	2	14	15	12	12	3	1	1	—	—	—	—	—	—	—	—
Waidhofen a. d. Ybbs	12	29	14	3	2	—	—	—	—	—	—	—	—	—	—	—
Lunz am See	—	9	17	16	11	2	3	2	—	—	—	—	—	—	—	—
Neuhaus am Zellerrain	—	—	—	2	5	9	12	8	9	3	4	2	2	1	1	2
Wien-Hohe Warte	24	28	8	—	—	—	—	—	—	—	—	—	—	—	—	—
Mariensee	1	26	16	11	5	1	—	—	—	—	—	—	—	—	—	—
Radstadt	—	6	14	18	11	6	2	3	—	—	—	—	—	—	—	—
Untertauern	—	—	2	11	23	11	6	5	1	1	—	—	—	—	—	—
Obertauern	—	—	—	—	1	1	2	6	4	7	5	9	9	5	11	
Tweng	—	7	15	16	12	4	2	2	1	—	—	—	—	—	—	—
Weiz	25	26	8	1	—	—	—	—	—	—	—	—	—	—	—	—
Hochalpe	—	2	11	14	13	7	6	3	3	—	1	—	—	—	—	—
Bad Gleichenberg	14	31	10	3	2	—	—	—	—	—	—	—	—	—	—	—
Eisenkappel	2	10	21	20	4	1	1	1	—	—	—	—	—	—	—	—
Millstatt	13	22	18	4	3	—	—	—	—	—	—	—	—	—	—	—
Techendorf	1	7	12	13	10	8	3	2	3	1	—	—	—	—	—	—
Feistritz a. d. Gail	1	4	17	11	14	3	3	6	—	—	—	1	—	—	—	—
Luggau	—	1	5	10	12	11	6	4	5	3	—	—	1	—	1	1

Weitere Angaben über Häufigkeitsverteilungen der maximalen Schneehöhen findet man in [1] Seite 15 für die in der Fußnote zu Tabelle 5 angeführten Orte.

Einige Beispiele illustrieren die Form der Häufigkeitsverteilungen durch Angaben der Extremwerte, des Mittelwertes und der Variationsbreite (Tab. 10). Daraus ist ersichtlich, daß die Variationsbreite der maximalen Schneehöhen der einzelnen Winter umso größer ist, je größer ihr Mittelwert ist.

Die Kenntnis der absolut größten Schneehöhen ist auch für verschiedene Zweige der Praxis von Bedeutung wie z. B. für das Verkehrswesen, für den Wintersport, für die Wasserwirtschaft und als zu erwartende Schneebelastung für die Bautechnik. In den

Tabelle 10. Mittelwerte, Extremwerte und Variationsbreite der maximalen Schneehöhen in den Wintern 1900/01 bis 1959/60

Station	Mittel	kleinstes Maximum		größtes Maximum		Variationsbreite
Feldkirch	33 cm	7 cm	1929/30	84 cm	1951/52	77 cm
Langen	184 cm	75 cm	1929/30	296 cm	1906/07	221 cm
Innsbruck	31 cm	8 cm	1958/59	75 cm	1950/51	68 cm
Längenfeld	49 cm	18 cm	1926/27	101 cm	1950/51	83 cm
Seefeld	96 cm	35 cm	1956/57	210 cm	1906/07	175 cm
Gerlos	105 cm	50 cm	1953/54	167 cm	1950/51	117 cm
Kirchberg i. Tirol	80 cm	29 cm	1929/30	150 cm	1906/07	121 cm
Paß Thurn	104 cm	40 cm	1917/18	250 cm	1950/51	210 cm
Kaprun	53 cm	18 cm	1900/01	90 cm	1944/45	72 cm
Krimmler Tauernhaus	105 cm	45 cm	1942/43	250 cm	1950/51	205 cm
Saalfelden	78 cm	22 cm	1927/28	188 cm	1906/07	166 cm
Rauris	53 cm	14 cm	1958/59	89 cm	1906/07	75 cm
Mitterberg-Arthurhaus	185 cm	17 cm	1927/28	375 cm	1943/44	358 cm
Salzburg	34 cm	12 cm	1956/57	68 cm	1941/42	56 cm
Abtenau	82 cm	32 cm	1918/19	189 cm	1941/42	157 cm
Freistadt	29 cm	8 cm	1935/36	80 cm	1922/23	72 cm
Kollerschlag	62 cm	18 cm	1916/17	145 cm	1951/52	127 cm
Kremsmünster	30 cm	10 cm	1950/51	105 cm	1941/42	95 cm
Gosau	111 cm	41 cm	1924/25	194 cm	1906/07	153 cm
Waidhofen a. d. Ybbs	32 cm	12 cm	1931/32	82 cm	1939/40	70 cm
Lunz am See	68 cm	24 cm	1912/13	150 cm	1938/39	126 cm
Neuhaus am Zellerrain	160 cm	70 cm	1919/20	400 cm	1943/44	330 cm
Wien-Hohe Warte	24 cm	3 cm	1907/08	50 cm	1941/42	47 cm
Rekawinkel	36 cm	7 cm	1958/59	80 cm	1941/42	73 cm
Gutenstein	42 cm	10 cm	1907/08	94 cm	1928/29	84 cm
Mariensee	47 cm	16 cm	1936/37	110 cm	1928/29	94 cm
Radstadt	73 cm	25 cm	1927/28	143 cm	1906/07	118 cm
Untertauern	99 cm	54 cm	1958/59	187 cm	1926/27	133 cm
Obertauern	244 cm	116 cm	1926/27	385 cm	1943/44	69 cm
Tamsweg	51 cm	16 cm	1931/32	121 cm	1904/05	5 cm
Weiz	25 cm	7 cm	1926/27	71 cm	1928/29	64 cm
Hochalpe	91 cm	25 cm	1942/43	215 cm	1904/05	190 cm
Leibnitz	33 cm	9 cm	1948/49	85 cm	1946/47	76 cm
Millstatt	35 cm	5 cm	1924/25	93 cm	1916/17	88 cm
Iselsberg	78 cm	13 cm	1942/43	198 cm	1916/17	185 cm
Heiligenblut	79 cm	20 cm	1942/43	245 cm	1950/51	225 cm
Innerkrems	94 cm	36 cm	1921/22	196 cm	1951/52	160 cm
Arnoldstein	81 cm	14 cm	1958/59	200 cm	1951/52	186 cm
Luggau	114 cm	30 cm	1942/43	340 cm	1950/51	310 cm

60 Wintern 1900/01 bis 1959/60 sind außer den in Tab. 10 enthaltenen Beobachtungsstellen Mitterberg-Arthurhaus, Obertauern, Neuhaus am Zellerrain und Luggau maximale Schneehöhen über 300 cm unter anderem auch in Schröcken 320 cm (1943/44), St. Martin im Lammertal 314 cm (1906/07), Lackenhof 335 cm (1943/44) und Tweng 312 cm (1950/51) beobachtet worden.

5.4. Die Veränderlichkeit der Neuschneesummen der Winter

Überaus groß sind die Unterschiede der Neuschneesummen an den einzelnen Stationen in den verschiedenen Wintern. Es sind dies die Summen der täglichen Neuschneehöhen während der gesamten Schneedeckenzeit vom Beginn der ersten Schneedecke bis zur letzten Schneedecke. Sie sind ein Maß für die Wasserspende aus festen Niederschlägen und bestimmen weitgehend auch die maximalen Schneehöhen. Die Häufigkeitsverteilungen sind bei Stationen mit weniger Schneemengen in dem Sinne unsymmetrisch, als kleinere Werte unter dem Mittelwert häufiger vorkommen als größere Werte. An Stationen mit viel Schnee sind die Häufigkeitsverteilungen wieder mehr symmetrisch, wobei aber vereinzelt extrem große Werte vorkommen. Einige Beispiele sollen wieder Vergleiche zwischen Stationen verschiedener Gebiete nach Beobachtungen in den Wintern 1900/01 bis 1959/60 geben (Tab. 11).

Tabelle 11. Mittelwerte und Extremwerte der Neuschneesummen an ausgewählten Stationen in den Wintern 1900/01 bis 1959/60

Station	Mittel	Minimum	Winter	Maximum	Winter
Feldkirch	117	21	1927/28	235	1906/07
Langen	863	457	1932/33	1294	1906/07
Längenfeld	184	80	1927/28	406	1950/51
Seefeld	337	159	1900/01	622	1936/37
Kirchberg in Tirol	285	110	1920/21	633	1906/07
Paß Thurn	485	273	1927/28	815	1944/45
Kaprun	191	68	1958/59	390	1944/45
Krimmler Tauernhaus	385	183	1917/18	1005	1950/51
Schmittenhöhe	905	460	1958/59	1430	1922/23
Salzburg	156	39	1949/50	359	1906/07
Abtenau	328	114	1921/22	713	1943/44
Kollerschlag	210	83	1929/30	442	1923/24
Kremsmünster	93	27	1948/49	213	1923/24
Gosau	407	187	1900/01	909	1906/07
Lunz	266	82	1958/59	781	1943/44
Neuhaus am Zellerrain	611	256	1932/33	1300	1943/44
Wien-Hohe Warte	69	14	1907/08	116	1939/40
Rekawinkel	123	21	1911/12	314	1940/41
Mariensee	181	46	1958/59	351	1943/44
Radstadt	284	109	1958/59	603	1919/20
Untertauern	374	187	1927/28	824	1950/51
Obertauern	723	305	1926/27	1199	1943/44
Tamsweg	171	47	1958/59	383	1950/51
Hochalpe	406	100	1929/30	753	1904/05
Millstatt	94	10	1958/59	257	1908/09
Heiligenblut	272	75	1942/43	784	1950/51
Innerkrems	346	126	1942/43	720	1950/51
Arnoldstein	261	60	1958/59	594	1950/51
Luggau	433	95	1942/43	1150	1916/17

6. Jahresgang der Zahl der Tage mit Schneedecke

Neben der Veränderlichkeit von Jahr zu Jahr ist für verschiedene Wirtschaftszweige, für die die Schneeverhältnisse von Bedeutung sind, auch die Kenntnis ihrer Entwicklung im Laufe des Winters von Wichtigkeit. Im besonderen gilt dies für die durchschnittliche Änderung der Zahl der Tage mit Schneedecke und der durchschnittlichen Schneehöhe, womit der Verlauf des Aufbaus und des Abbaus der winterlichen Schneedecke charakterisiert wird. Von Interesse ist wieder der Vergleich der Jahresgänge in verschieden hohen Lagen und in Gebieten mit unterschiedlichen Schneeverhältnissen, wovon die Abb. 2 bis 5 einige Beispiele bringen.

Aus Abb. 2, die die Jahresgänge der Zahl der Tage mit Schneedecke nach Monatswerten für Stationen in verschieden hohen Lagen von Feldkirch bis Vermunt im Montafon und für die Stationen von Landeck bis in das Arlberggebiet zeigt, ist ersichtlich, daß die Zunahme der Zahl der Tage mit Schneedecke mit der Höhe zu Winterbeginn in den höheren Lagen rascher erfolgt als in den tiefer gelegenen Gebieten. Die Abnahme der Zahl der Tage mit Schneedecke zum Ende der Schneedeckenzeit erfolgt in den höheren Lagen noch rascher

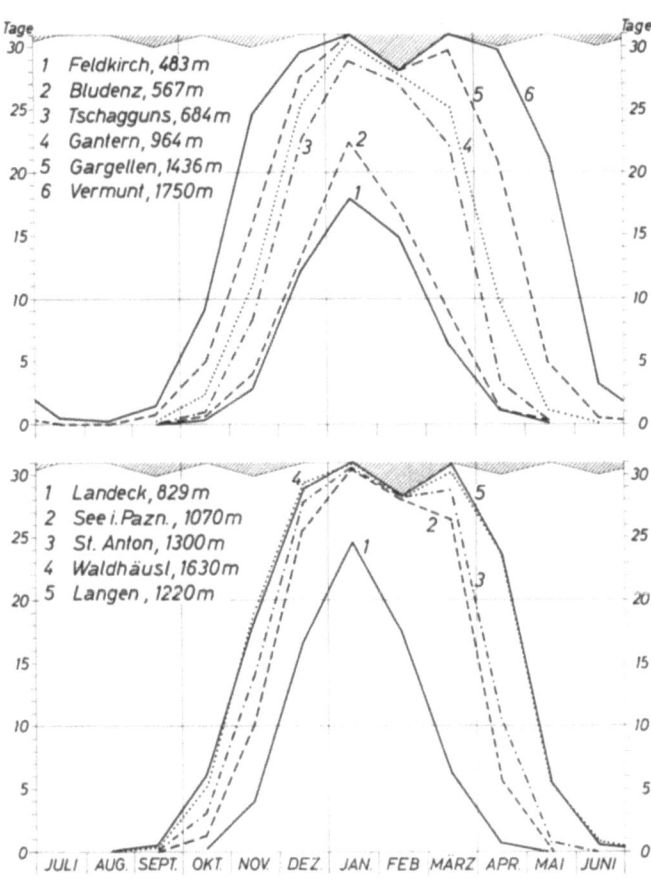

Abb. 2. Jahresgang der Zahl der Tage mit Schneedecke im südlichen Vorarlberg (oben) und im Arlberggebiet (unten).

als die Zunahme zu Winterbeginn und im Vergleich zu den tiefer gelegenen Stationen mit viel größerer Verspätung als die Verfrühung der Zunahme der Zahl der Tage mit Schneedecke in den höheren Lagen im Vergleich zu den tiefer gelegenen Gebieten zu Winterbeginn. In der Höhenlage von Vermunt (1750 m) ist im Jänner, Februar und März an allen Tagen in jedem Jahr eine Schneedecke vorhanden gewesen, während in der Höhenlage von Gargellen (1426 m) dies nur mehr in den Monaten Jänner und Februar der Fall gewesen ist, und in den tieferen Lagen kann in keinem Monat mehr an allen Tagen mit Sicherheit mit dem Vorhandensein einer Schneedecke gerechnet werden. Die größte Zahl von Tagen mit Schneedecke findet sich dort im Monat Jänner.

Die Jahresgänge der Zahl der Tage mit Schneedecke im Arlberggebiet zeigen, daß in Langen (1220 m) in der Luvlage die Zahl der Tage mit Schneedecke den ganzen Winter hindurch annähernd gleich groß ist wie in dem um mehr als 400 m höher gelegenen Waldhäusl (1630 m) jenseits des Gebirgskammes.

Aus den in Abb. 3 dargestellten Beispielen von Jahresgängen der Zahl der Tage mit Schneedecke auf der Nordseite der Hohen Tauern ist ersichtlich, daß die Unterschiede in der Änderung mit der Höhe einerseits zu Beginn und anderseits zum Ende des Winters in ähnlicher Weise erfolgen, wie dies auch in den Beispielen aus dem Montafon

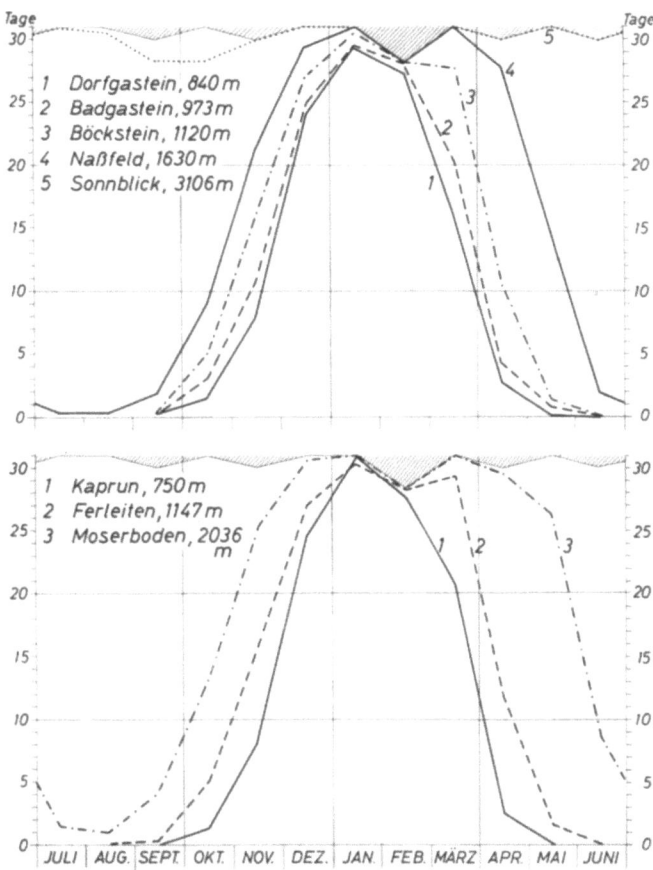

Abb. 3. Jahresgang der Zahl der Tage mit Schneedecke auf der Nordseite der Hohen Tauern.

und aus dem Arlberggebiet zu sehen war. In der Höhenlage des Moosbodens (2035 m) und auch noch in der Höhenlage des Naßfeldes (1630 m) ist in den Monaten Jänner bis März in allen Jahren an allen Tagen mit Sicherheit das Vorhandensein einer Schneedecke zu erwarten, auf dem Sonnblick in 3100 m ist aber nur in den Monaten August, September und Oktober nicht in allen Jahren an allen Tagen eine Schneedecke vorhanden.

Die Abb. 4 zeigt Beispiele aus dem Semmeringgebiet, einem Gebiet mit geringeren Niederschlägen, wo nicht mehr in allen Jahren in einem Monat an allen Tagen eine Schneedecke vorhanden ist, während im niederösterreichischen Voralpengebiet um Mariazell zufolge des größeren Niederschlagreichtums in den Staulagen des Nordalpenrandes auf der Bürgeralpe (1230 m) im Jänner und Februar und in Annaberg (970 m) im Februar noch in allen Jahren an allen Tagen eine Schneedecke vorhanden war.

Die Abb. 5 bringt Beispiele aus den Südalpen. Daraus ist ersichtlich, daß in der

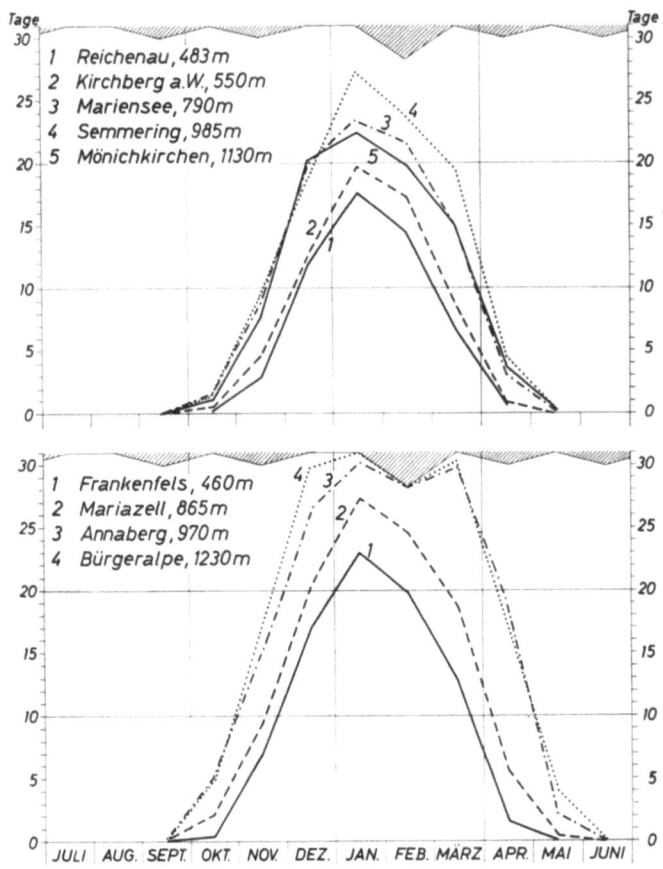

Abb. 4. Jahresgang der Zahl der Tage mit Schneedecke im Semmeringgebiet (oben) und im Voralpengebiet um Mariazell (unten).

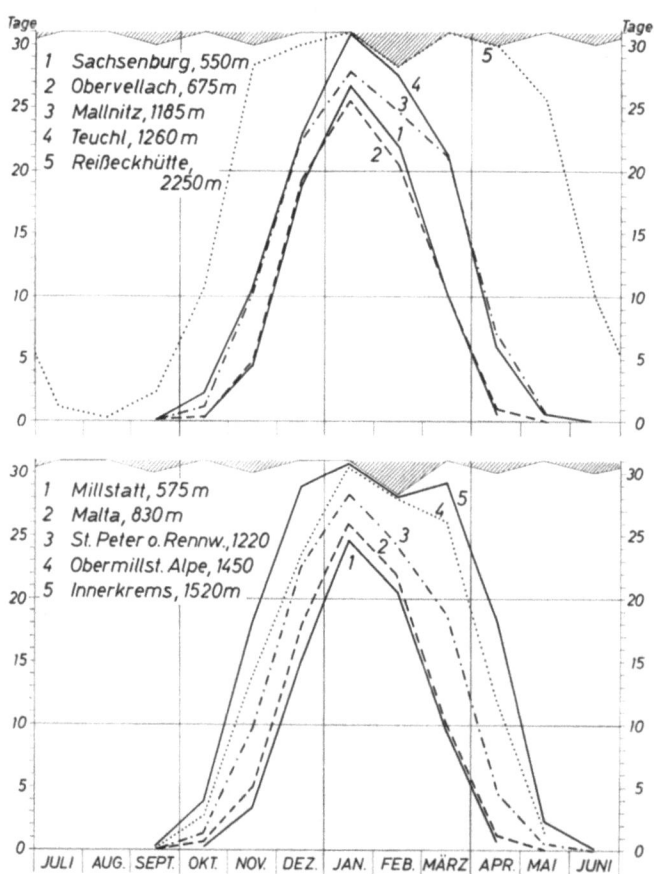

Abb. 5. Jahresgang der Zahl der Tage mit Schneedecke im Süden der Tauern.

Höhenlage der Reißeckhütte (2250 m) in den Monaten Jänner bis April in allen Jahren an allen Tagen eine Schneedecke vorhanden war, daß es dort aber auch in den Sommermonaten noch Tage mit Schneedecke geben kann.

Die Tab. 12 bringt die Zahlenwerte für die in den Abbildungen gezeigten Beispiele.

Tabelle 12. Jahresgang der Zahl der Tage mit Schneedecke im langjährigen Durchschnitt

Station	Juli	Aug.	Sept.	Okt.	Nov.	Dez.	Jan.	Feb.	März	April	Mai	Juni	Jahr
Feldkirch, 483 m	—	—	—	0,3	2,8	12,3	18,0	14,9	6,3	1,0	0,1	—	55,7
Bludenz, 567 m	—	—	—	0,6	4,0	13,5	22,4	16,8	8,9	1,0	0,2	—	67,4
Tschagguns, 684 m	—	—	—	1,0	8,4	22,6	29,0	26,9	22,3	3,3	0,2	—	113,7
Gaschurn, 964 m	—	—	0,2	2,6	11,2	25,3	30,4	27,8	25,3	9,5	1,0	0,1	133,3
Gargellen, 1436 m	0,1	0,0	0,7	5,0	15,8	27,6	30,9	28,2	29,9	20,9	4,9	0,4	164,4
Vermunt, 1750 m	0,5	0,3	1,6	9,1	24,6	29,6	31,0	28,2	31,0	29,8	21,3	3,2	210,2
Landeck, 829 m	—	—	—	0,2	4,0	16,7	24,6	17,4	6,1	0,6	0,0	—	69,6
See i. Paznaun, 1070 m	0,0	—	—	1,4	10,2	25,6	30,4	28,0	26,4	5,6	0,2	0,0	127,8
St. Anton, 1300 m	—	—	0,2	3,2	14,1	27,7	30,7	28,2	28,8	10,6	0,8	0,0	144,3
Waldhäusl, 1630 m	0,0	0,0	0,5	5,2	19,0	29,3	30,9	28,2	30,3	23,6	5,4	0,7	173,1
Langen, 1220 m	0,0	—	0,4	6,1	18,5	28,9	31,0	28,2	30,8	32,6	5,4	0,5	173,4
Dorfgastein, 840 m	0,0	—	0,2	1,5	7,9	24,0	29,3	27,3	16,0	2,7	0,1	0,0	109,0
Badgastein, 973 m	—	—	0,2	2,9	10,8	24,8	29,6	28,1	20,3	4,2	0,8	0,2	121,9
Böckstein, 1120 m	0,0	—	0,4	4,9	15,8	27,0	30,5	28,2	27,7	10,4	1,4	0,1	146,4
Naßfeld, 1630 m	0,3	0,3	1,8	9,0	21,3	29,4	31,0	28,2	31,0	27,7	14,1	1,8	195,9
Sonnblick, 3100 m	31,0	30,5	28,3	28,3	29,9	31,0	31,0	28,2	31,0	30,0	31,0	30,0	360,2
Kaprun, 750 m	—	—	—	1,4	8,2	24,6	30,8	27,7	20,7	2,4	0,1	0,0	115,9
Ferleiten, 1147 m	—	—	0,2	5,0	15,6	27,0	30,4	28,2	29,3	11,8	1,6	0,1	149,2
Mooserboden, 2035 m	1,4	0,9	4,0	13,0	25,2	30,6	31,0	28,2	31,0	29,6	26,3	8,5	229,8
Reichenau, 483 m	—	—	—	0,2	2,9	11,8	17,6	14,4	6,7	0,6	0,0	—	54,2
Kirchberg a. W., 530 m	—	—	—	0,5	4,5	12,7	19,6	17,3	8,7	0,9	0,0	—	64,2
Mariensee, 790 m	—	—	0,1	1,5	8,6	20,0	23,4	21,4	14,9	3,0	0,2	—	93,1
Semmering, 995 m	—	—	0,1	1,4	9,2	19,8	27,1	23,7	19,5	4,3	0,3	—	105,4
Mönichkirchen, 1130 m	—	—	0,1	1,2	7,6	20,2	22,4	19,9	14,9	3,5	0,3	—	90,0
Frankenfels, 460 m	—	—	—	0,4	6,9	16,9	22,9	19,8	12,8	1,6	0,1	—	81,4
Mariazell, 865 m	—	—	0,1	2,1	9,6	20,4	27,3	24,4	18,6	5,6	0,4	0,0	108,5
Annaberg, 970 m	—	—	0,2	3,2	15,3	26,5	30,2	28,2	29,7	18,6	2,0	0,0	153,9
Bürgeralpe, 1230 m	—	—	0,3	5,1	17,3	29,8	31,0	28,2	30,2	18,0	4,0	—	163,9
Sachsenburg, 550 m	—	—	—	0,4	4,5	18,0	26,7	21,8	10,1	0,6	0,0	0,0	82,9
Obervellach, 675 m	—	—	0,0	0,4	4,9	19,2	25,5	20,4	10,2	1,0	0,1	—	81,7
Mallnitz, 1185 m	—	—	0,1	1,3	10,2	22,3	27,8	24,7	21,1	6,9	0,6	0,0	115,0
Teuchl, 1260 m	—	—	—	2,3	10,7	23,2	30,8	27,5	21,2	5,9	0,8	0,0	122,4
Reißeckhütte, 2250 m	1,0	0,3	2,2	10,8	28,4	30,0	31,0	28,2	31,0	30,0	25,7	9,9	228,5
Millstatt, 575 m	—	—	—	0,3	3,4	15,1	24,7	20,6	9,5	0,8	0,0	—	74,4
Malta, 830 m	—	—	0,0	0,7	5,0	17,6	26,0	19,9	10,1	1,3	0,1	—	80,7
St. Peter ob Rennweg, 1220 m	—	—	0,0	1,3	9,8	22,6	28,3	24,2	18,8	4,6	0,5	0,0	110,1
Obermillstätter Alpe, 1450 m	0,0	—	0,2	2,7	14,0	23,4	30,4	27,9	26,2	12,1	1,4	0,0	138,3
Innerkrems, 1518 m	—	—	0,4	3,9	18,2	29,0	30,8	28,1	29,2	18,2	2,3	0,2	160,3

7. Jahresgang der durchschnittlichen und der größten Schneehöhen, sowie der Schneedeckenwahrscheinlichkeit

Die langjährigen Schneebeobachtungen geben die Möglichkeit, einen genaueren Einblick in die Änderungen der Schneeverhältnisse im Laufe des Winters zu gewinnen, als dies durch die Monatsmittelwerte möglich ist. Da nun von vielen Stationen bereits

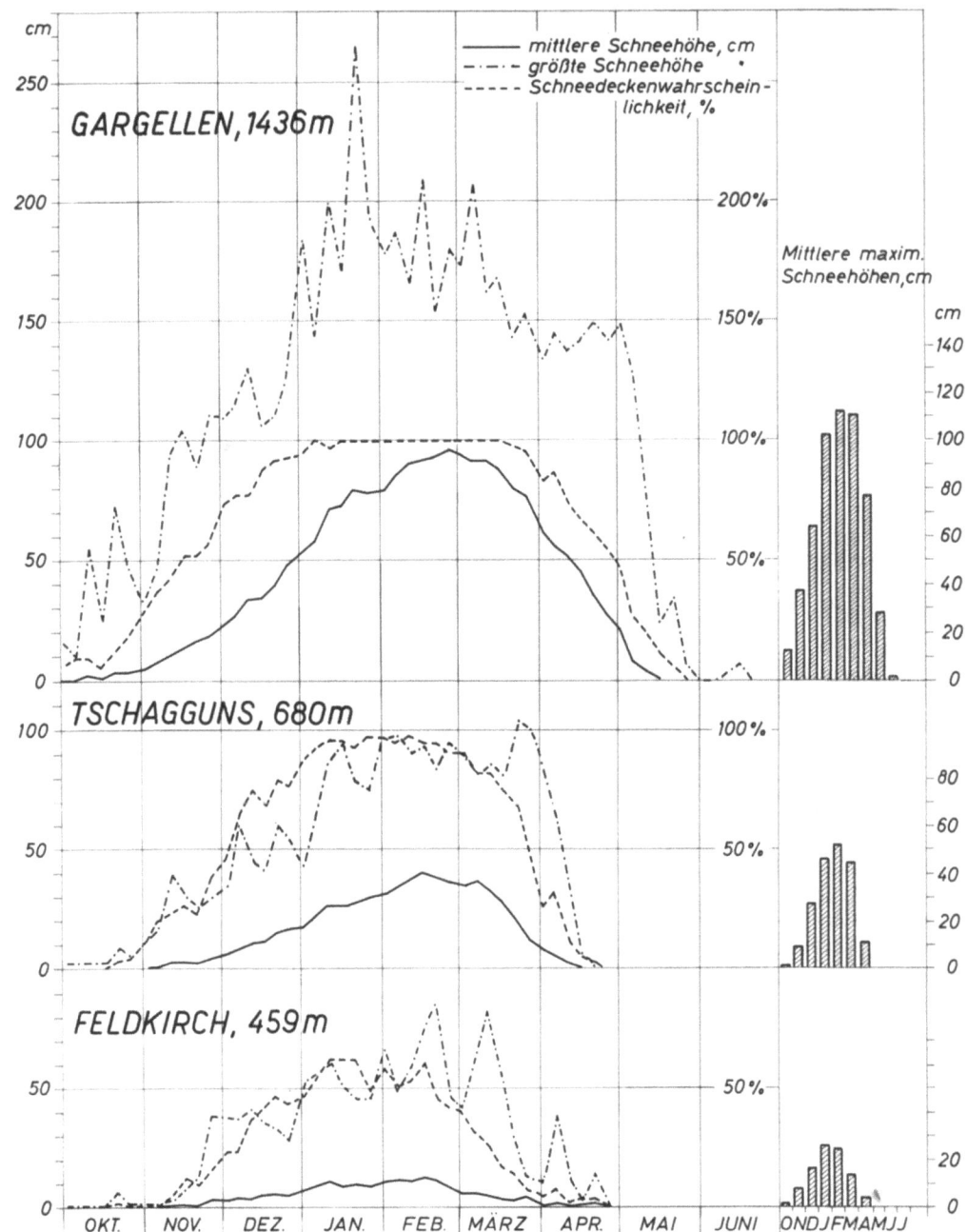

Abb. 6. Jahresgang der mittleren Schneehöhe, der größten Schneehöhe und der Schneedeckenwahrscheinlichkeit in Feldkirch, Tschagguns und Gargellen.

60- bis 70jährige Beobachtungsreihen vorhanden sind, wäre es möglich, Mittelwerte für jeden Tag zu berechnen und so einen genaueren Verlauf der Änderungen zu erhalten. Dies würde aber die Bewältigung eines ungeheuren Zahlenmaterials erfordern, die dem realen Wert dieser mühevollen und zeitraubenden Rechenarbeit nicht entsprechen würde. Da es aber doch zweckmäßig ist, im Interesse der praktischen Verwertung der Schneebeobachtungsdaten, einen genaueren Einblick in den Aufbau und Abbau der Schneedecke zu gewinnen, haben wir die Rechenarbeit auf jeden 5. Tag beschränkt. Damit kommt man zu einer allen Bedürfnissen entsprechenden Charakterisierung des Jahresganges der Schneeverhältnisse einer Station durch folgende Parameter: Mittelwerte der Schneehöhe für jeden 5. Tag, größter bisher gemessener Schneehöhenwert an diesen Tagen, prozentuelle Wahrscheinlichkeit der Schneedecke für die gleichen Tage und mittlere größte Schneehöhen in jeden Monat. Die prozentuelle Wahrscheinlichkeit einer Schneedecke wird für einen Tag dadurch berechnet, daß ausgezählt wird, wie oft in der ganzen Beobachtungsreihe an diesem Tag eine Schneedecke vorhanden war, und diese Zahl in Prozenten der Zahl der Beobachtungsjahre ausgedrückt wird. 100% bedeutet demnach, daß an diesem Tag in jedem Jahr der ganzen Beobachtungsreihe eine Schneedecke am Ort vorhanden war. Die mittlere größte Schneehöhe für einen Monat wird dadurch berechnet, daß für jedes Jahr der Beobachtungswert der in dem betreffenden Monat vorgekommenen größten Schneehöhe herausgeschrieben wird und die Summe dieser Werte durch die Zahl der Beobachtungsjahre dividiert wird, wobei auch die Jahre mitgezählt werden, in denen in diesem Monat keine Schneedecke vorhanden war.

Aus den graphischen Darstellungen der genannten Parameter kann man ableiten, in welchem Zeitabschnitt des Jahres mit bestimmten Wahrscheinlichkeiten das Vorhandensein einer Schneedecke zu erwarten ist und in welchen Zeitabschnitten durchschnittliche Schneehöhen von bestimmter Größe überschritten werden. Die mittleren maximalen Schneehöhen jeden Monats geben die durchschnittlich größte Schneebelastung in jedem Monat und die absoluten Schneehöhenmaxima geben die höchste Belastung durch Schnee, die in dem betreffenden Ort wieder einmal erwartet werden kann.

Einige Beispiele sollen zeigen, was aus diesen Darstellungen des Verlaufes der Schneedeckenverhältnisse ersehen werden kann: In den Abb. 6 und 7 sind die Jahresgangkurven für die oben erwähnten Schneedeckenparameter für Stationen verschiedener Höhenlagen vom Rheintal bis in die Silvretta wiedergegeben. Aus den Kurven der mittleren Schneehöhe ist ersichtlich, daß die Zunahme der Schneehöhe wesentlich langsamer erfolgt als die Abnahme Ende des Winters und daß das Maximum in der Niederung auf Mitte Februar fällt, sich aber mit der Höhe auf den Monat März verschiebt. In Feldkirch nimmt die Kurve der mittleren Schneehöhe vom 11. November bis zum Maximum im Februar 19 Pentaden lang zu, fällt aber dann in nur 13 Pentaden bis 21. April ab. Die entsprechenden Werte sind für Tschagguns 23 Pentaden Anstieg bis zum Maximum am 16. Februar und hernach nur 13 Pentaden Abfall, für Gargellen 29 Pentaden Anstieg bis zum Maximum am 26. Februar und hernach 18 Pentaden Abfall, in Gaschurn 27 Pentaden Anstieg bis zum Maximum am 21. Februar und hernach 13 Pentaden Abfall, in Vermunt 34 Pentaden Anstieg bis zum Maximum am 21. März und hernach 18 Pentaden Abfall. Die größten bisher beobachteten Schneehöhen überschreiten die Maxima der mittleren Schneehöhenkurven und auch die mittleren größten Schneehöhen der einzelnen Monate beträchtlich, wie die folgende Zusammenstellung zeigt:

Station	Maximum der mittleren Schneehöhenkurve		Höchstwert der mittleren größten Schneehöhen der Monate		Absolut größte Schneehöhe
Feldkirch, 459 m	12,8 cm	16. Feb.	25 cm	Jan.	85 cm
Tschagguns, 680 m	39,6 cm	16. Feb.	52 cm	Feb.	107 cm
Gaschurn, 960 m	58,5 cm	21. Feb.	77 cm	Feb.	160 cm
Gargellen, 1436 m	96,3 cm	26. Feb.	113 cm	März	265 cm
Vermunt, 1733 m	169,5 cm	21. März	202 cm	März	360 cm

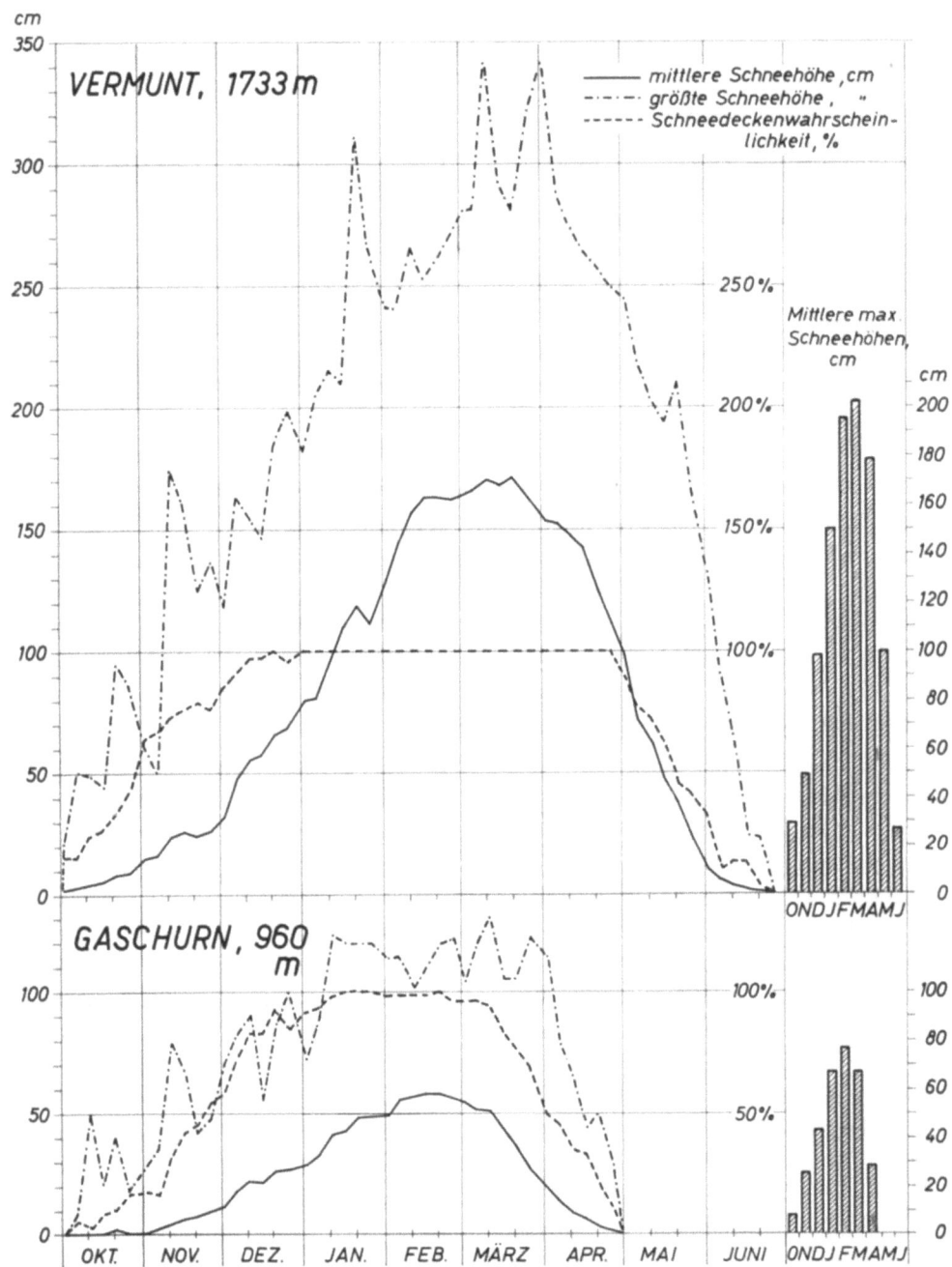

Abb. 7. Jahresgang der mittleren Schneehöhe, der größten Schneehöhe und der Schneedeckenwahrscheinlichkeit in Gaschurn und Vermunt.

Zur Ergänzung seien hier auch für diese Stationen die mittleren größten Schneehöhen der einzelnen Monate wiedergegeben und zum Vergleich auch die mittleren maximalen Schneehöhen der Winter angeführt, die dadurch berechnet werden, daß aus jedem Winter die größte beobachtete Schneehöhe unabhängig davon, in welchem Monat sie eingetreten ist, herausgeschrieben und ihre Summe durch die Zahl der Beobachtungsjahre dividiert wird:

	Okt.	Nov.	Dez.	Jan.	Feb.	März	April	Mai	Juni	Mittlere maximale Schneehöhe der Winter
Feldkirch	1	7	16	25	24	13	3	—	—	33 cm
Tschagguns	1	10	26	46	52	46	12	—	—	64 cm
Gaschurn	5	25	43	67	77	67	28	—	—	90 cm
Gargellen	14	39	66	104	112	113	79	30	3	133 cm
Vermunt	29	50	98	150	195	202	178	100	17	225 cm

Die mittleren maximalen Schneehöhen der ganzen Schneedeckenzeit sind naturgemäß etwas größer als die höchsten Werte der größten mittleren Schneehöhen eines Monats, da die die maximalen Schneehöhen erzeugenden Großschneefälle in den einzelnen Wintern oft in ganz verschiedenen Monaten auftreten.

Die Kurven der prozentuellen Schneedeckenwahrscheinlichkeiten zeigen, daß in Feldkirch die größte Schneedeckenwahrscheinlichkeit im Jänner eintritt und vom 11. bis 21. Jänner 61% beträgt; in Tschagguns ist die Schneedeckenwahrscheinlichkeit vom 6. Jänner bis 26. Februar größer als 90%, erreicht aber nie 100%, in Gargellen ist vom 6. Jänner bis 16. März mit Sicherheit eine Schneedecke anzutreffen. In Gaschurn beträgt die Schneedeckenwahrscheinlichkeit vom 11. Jänner bis 21. Februar 98—100%, in Vermunt beträgt sie vom 21. Dezember bis 26. April 100%.

Aus den Schneedeckenwahrscheinlichkeitskurven kann auch abgeleitet werden, in welchem Zeitabschnitt bestimmte Erwartungswerte einer Schneedecke überschritten werden, was ebenfalls wieder für die Praxis von Interesse ist. Für die in den Abb. 6 und 7 gezeigten Beobachtungsstationen sind die Zeiten, in denen eine Schneedeckenwahrscheinlichkeit von 50%, 70% oder 90% überschritten wird, in der folgenden Zusammenstellung angeführt:

Schneedecken-wahrscheinlichkeit	Feldkirch	Tschagguns	Gaschurn	Gargellen	Vermunt
$\geq$ 50%	4. 1.—20. 2.	2. 12.—25. 3.	24. 11.— 1. 4.	16. 11.—30. 4.	29. 10.—20. 5.
$\geq$ 70%	—	9. 12.—20. 3.	5. 12.—25. 3.	1. 12.—15. 4.	9. 11.—12. 5.
$\geq$ 90%	—	4. 1.— 1. 3.	20. 12.—13. 3.	20. 12.—29. 3.	5. 12.— 1. 5.

Die Mächtigkeit der Schneedecke variiert in den verschiedenen Zeiten sehr stark, wie die folgende Wiedergabe von prozentuellen Häufigkeitsverteilungen der Schneehöhen am 1. Jänner, 21. Februar und am 1. April an den einzelnen Stationen zeigt:

Schneehöhe, cm	0	1—5	6—10	11—25	26—50	51—75	76—100	101—150	151—200	201—250	251—300	>300
Am 1. Jänner:												
Feldkirch	54	10	5	27	2	2	—	—	—	—	—	—
Tschagguns	13	23	10	23	28	3	—	—	—	—	—	—
Gaschurn	11	7	9	24	32	15	2	—	—	—	—	—
Gargellen	5	—	2	13	37	23	10	8	2	—	—	—
Vermunt	—	3	—	—	27	24	22	15	9	—	—	—
Am 21. Februar:												
Feldkirch	47	7	14	15	14	3	—	—	—	—	—	—
Tschagguns	5	3	10	15	28	36	3	—	—	—	—	—
Gaschurn	—	2	2	13	24	22	31	6	—	—	—	—
Gargellen	—	—	—	—	17	25	12	39	7	—	—	—
Vermunt	—	—	—	—	—	6	6	37	21	27	3	—

Schneehöhe, cm	0	1—5	6—10	11—25	26—50	51—75	76—100	101—150	151—200	201—250	251—300	>300
Am 1. April:												
Feldkirch	95	3	2	—	—	—	—	—	—	—	—	—
Tschagguns	74	8	3	—	10	3	2	—	—	—	—	—
Gaschurn	47	4	8	10	15	10	4	2	—	—	—	—
Gargellen	15	—	7	17	27	12	22	—	—	—	—	—
Vermunt	—	—	—	—	3	3	6	47	19	10	9	3

Diese Zahlen geben an, wie oft in einem Zeitraum von 100 Jahren an dem angegebenen Tag eine Schneedecke von der in der ersten Zeile angeführten Höhe zu erwarten ist.

An den Beispielen aus Vorarlberg sollte gezeigt werden, wie in dieser Darstellungsart eigentlich das Meiste, was für die Praxis von Bedeutung ist zum Ausdruck gebracht werden kann. Wir bearbeiten nun von möglichst vielen Stationen mit langen Beobachtungsreihen die Schneeverhältnisse in der hier gezeigten Art und hoffen damit gute und brauchbare Grundlagen für alle praktischen Belange geben zu können. Zum Vergleich seien noch einige weitere Beispiele aus anderen Gebieten gezeigt und kurz besprochen.

Über die Schneeverhältnisse in den Ötztaler Alpen gibt die Abb. 8 Aufschluß, wo die Jahresgänge für Ötz (820 m), Längenfeld (1164 m) und Obergurgl (1927 m) nach langjährigen Beobachtungen dargestellt sind. Die Schneehöhenkurve hat dort eine ähnliche Form wie auch in anderen Gebieten, es sind aber im allgemeinen die durchschnittlichen Schneehöhen kleiner als im Montafon, weil in den Ötztaler Alpen, die bekanntlich durch Schönwetter sehr begünstigt sind, die Niederschlagsmengen viel geringer sind. Über die Maxima der durchschnittlichen Schneehöhenkurve, die mittleren größten Schneehöhen der Monate und die absolut größten Schneehöhen gibt die folgende Zusammenstellung Aufschluß:

Station	Maximum der mittleren Schneehöhenkurve		Maximum der mittleren größten Schneehöhen der Monate		Absolut größte Schneehöhe
Ötz	15 cm	16. Jänner	26 cm	Jänner	103 cm
Längenfeld	31 cm	21. Februar	41 cm	Februar	110 cm
Obergurgl	102 cm	6. März	119 cm	Februar	252 cm

Die mittleren maximalen Schneehöhen der einzelnen Monate betragen:

Station	Okt.	Nov.	Dez.	Jan.	Feb.	März	April	Mai	Juni	
Ötz	0	6	16	26	23	16	1	—	—	cm
Längenfeld	5	15	24	35	41	34	9	—	—	cm
Obergurgl	22	33	74	106	119	118	87	45	4	cm

Die größte prozentuelle Schneedeckenwahrscheinlichkeit beträgt in Ötz 92% vom 21.—26. Jänner, in Längenfeld 100% vom 26. Jänner bis 11. Februar und in Obergurgl 100% vom 1. Jänner bis 6. April. Mit welcher Wahrscheinlichkeit in den einzelnen Abschnitten des Winters das Vorhandensein einer Schneedecke zu erwarten ist, kann aus Abb. 8 entnommen werden. Die Höhe der Schneedecke schwankt aber in den einzelnen

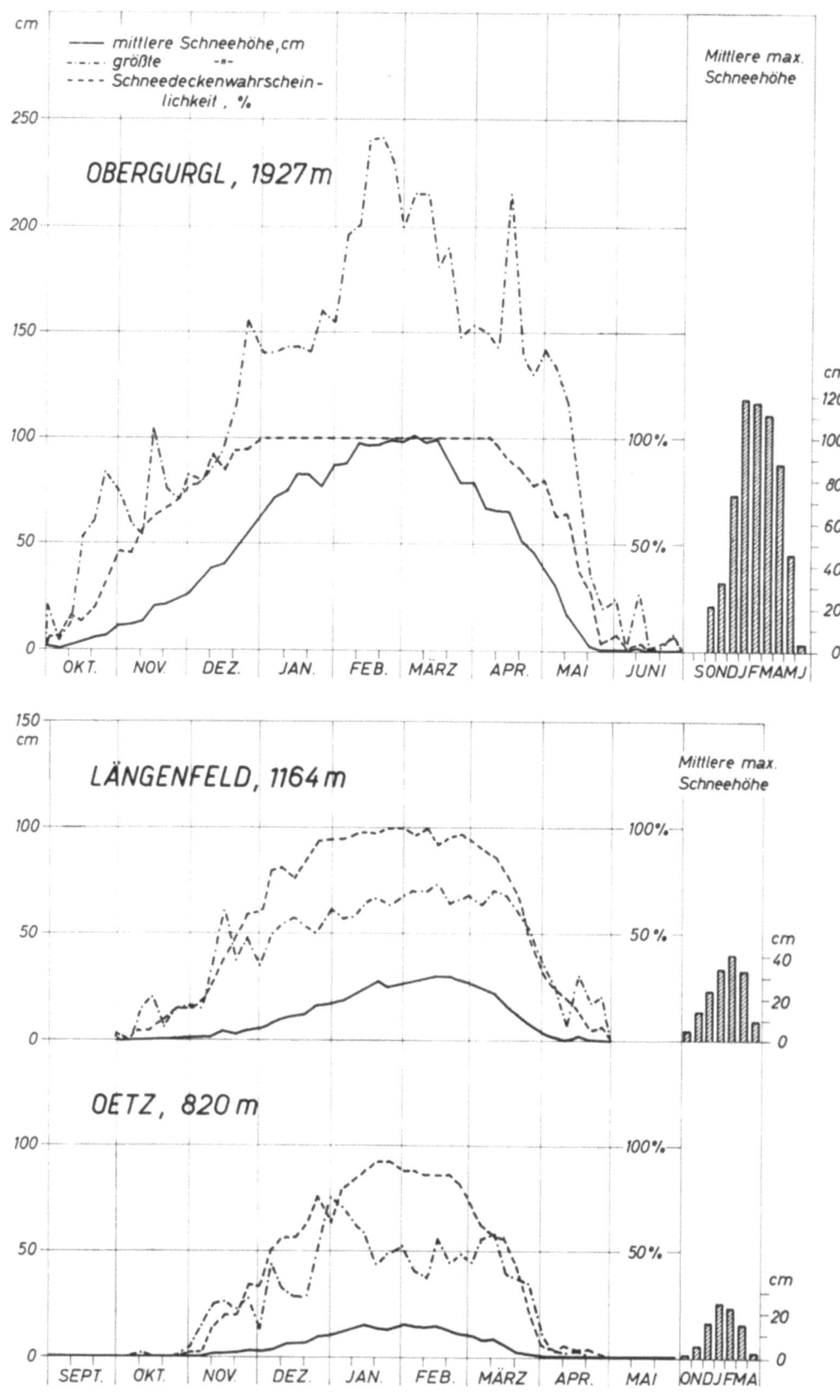

Abb. 8. Jahresgang der mittleren Schneehöhe, der größten Schneehöhe und der Schneedeckenwahrscheinlichkeit in Ötz, Längenfeld und Obergurgl.

Wintern sehr beträchtlich. So verteilen sich z. B. die prozentuellen Häufigkeiten von Schneehöhen am 21. Februar wie folgt:

Schneehöhe, cm	0	1—5	6—10	11—25	26—50	51—75	76—100	101—150	151—200	>200
Ötz	14	25	12	29	20	—	—	—	—	—
Längenfeld	5	12	3	19	49	12	—	—	—	—
Obergurgl	—	—	—	7	11	11	36	21	11	3

Als nächstes soll ein Beispiel aus verschiedenen Höhenlagen im Salzkammergut (Abb. 9) wiedergegeben werden. Es ist dies ein sehr niederschlagsreiches Gebiet, was sich auch in den Schneeverhältnissen stärker auswirkt als in dem niederschlagsärmeren Ötztaler Alpen-Gebiet. In Abb. 9 sind die Jahresgänge nach Werten für jeden 5. Tag für Gössl (710 m), Altaussee-Salzberg (945 m) und Hollhaus (1609 m) wiedergegeben. Die folgende Zusammenstellung gibt wieder über die Maxima der durchschnittlichen Schneehöhenkurve, die mittleren größten Schneehöhen der Monate und die absolute größte Schneehöhe Aufschluß.

Station	Maximum der durchschnittlichen Schneehöhenkurve		Maximum der mittleren größten Schneehöhen der Monate		Absolute größte Schneehöhe
Gössl	64 cm	16. Februar	87 cm	Februar	212 cm
Altaussee-Salzberg	134 cm	26. Februar	159 cm	Februar	340 cm
Hollhaus	231 cm	16. März	263 cm	März	420 cm

Die mittleren maximalen Schneehöhen der einzelnen Monate betragen:

Station	Sept.	Okt.	Nov.	Dez.	Jan.	Feb.	März	April	Mai	Juni	
Gössl	—	2	18	47	72	87	71	24	—	—	cm
Altaussee-Salzberg	2	13	49	91	133	159	151	104	19	—	cm
Hollhaus	4	27	61	122	183	241	263	231	136	24	cm

Auf dem Hollhaus hat es einigemale auch noch im Juli und August für kurze Zeit eine Schneedecke gegeben. An allen diesen drei Orten gibt es Zeiten mit 100prozentiger Schneedeckenwahrscheinlichkeit. In Gössl ist dies vom 6. Jänner bis 26. Februar, in Altaussee-Salzberg vom 6. Jänner bis 26. März und auf dem Hollhaus vom 21. Dezember bis 26. April der Fall.

Als weiteres Beispiel seien in Abb. 10 die Jahresgänge der Schneeverhältnisse in einem schneereichen Gebiet der Niederen Tauern an den Stationen Radstadt (856 m), Untertauern (1004 m) und Obertauern (1649 m) wiedergegeben. Hier sind die Maxima der durchschnittlichen Schneehöhenkurven und die mittleren größten Schneehöhen der einzelnen Monate sehr groß und das Eintreten der Höchstwerte verspätet sich wieder mit zunehmender Höhe, wie aus der folgenden Zusammenstellung und aus Abb. 10 ersichtlich ist:

Station	Maximum der mittleren Schneehöhenkurve		Maximum der mittleren größten Schneehöhen der Monate		Absolut größte Schneehöhe
Radstadt	49 cm	6. Februar	65 cm	Februar	169 cm
Untertauern	70 cm	21. Februar	91 cm	Februar	294 cm
Obertauern	205 cm	16. März	234 cm	März	458 cm

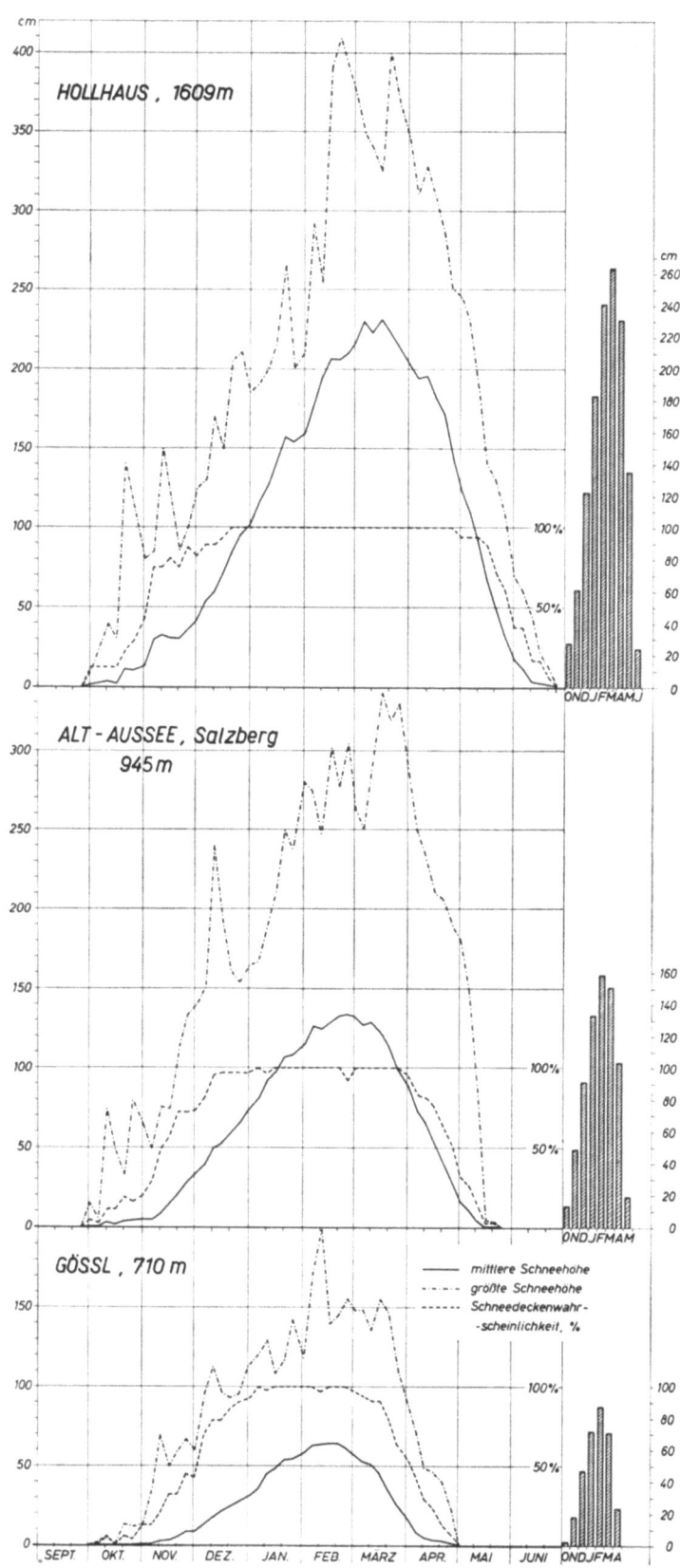

Abb. 9. Jahresgang der mittleren Schneehöhe, der größten Schneehöhe und der Schneedeckenwahrscheinlichkeit in Gössl, Altaussee-Salzberg und beim Hollhaus.

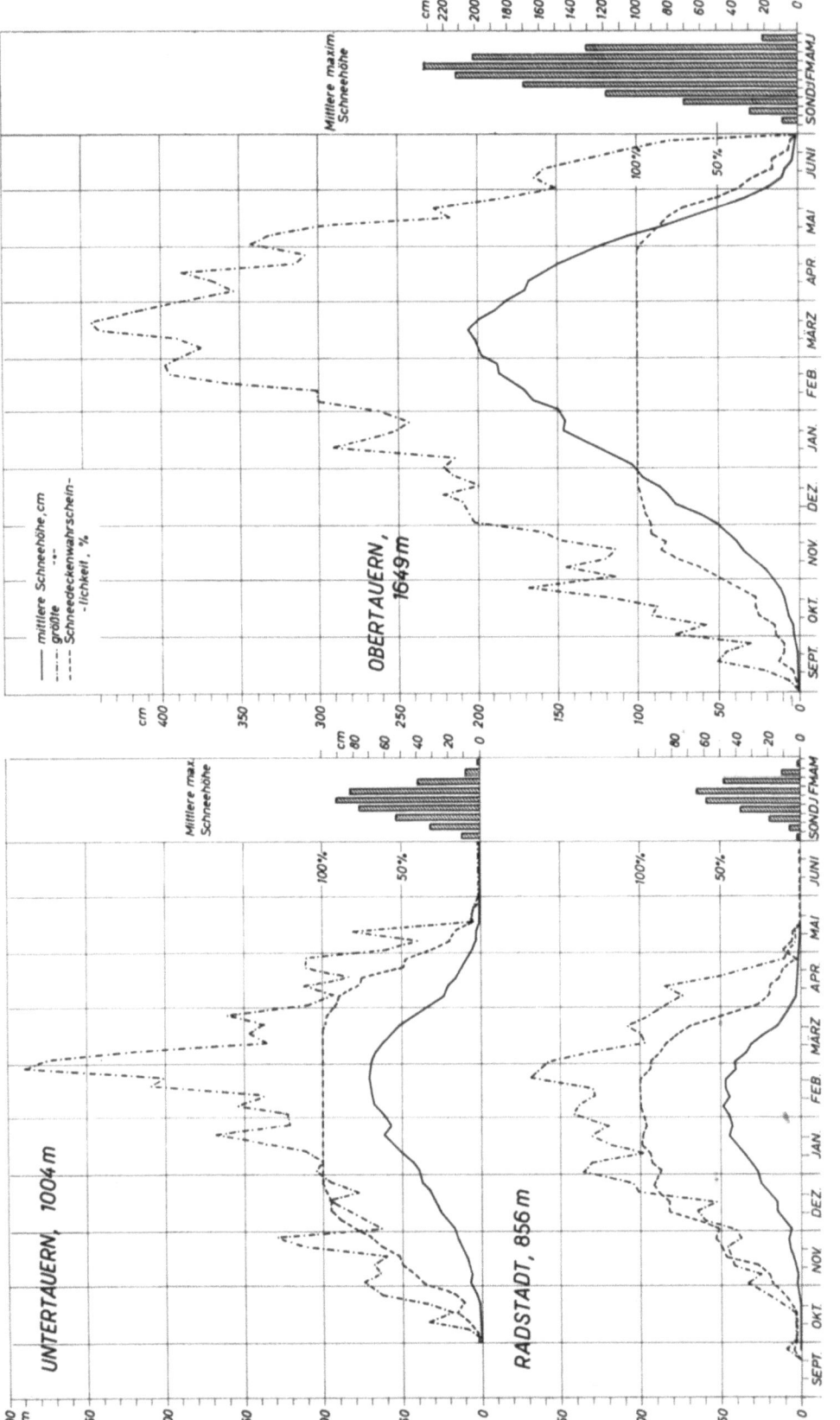

Abb. 10. Jahresgang der mittleren Schneehöhe, der größten Schneehöhe und der Schneedeckenwahrscheinlichkeit in Radstadt, Untertauern und Obertauern.

Die mittleren maximalen Schneehöhen der einzelnen Monate betragen:

Station	Sept.	Okt.	Nov.	Dez.	Jan.	Feb.	März	April	Mai	Juni	
Radstadt	0	4	19	38	59	65	48	11	1	—	cm
Untertauern	0	12	32	54	76	91	82	39	9	1	cm
Obertauern	9	30	71	119	170	213	234	201	131	22	cm

Mit 100% Wahrscheinlichkeit ist eine Schneedecke zu erwarten in Radstadt vom 6. bis 21. Februar, in Untertauern vom 26. Dezember bis 16. März und in Obertauern vom 21. Dezember bis 26. April.

Die Mächtigkeit der Schneedecke ist dabei in den einzelnen Jahren zur gleichen Zeit sehr unterschiedlich, wie die folgenden prozentuellen Häufigkeitsverteilungen der Schneehöhen am 1. Jänner, 21. Februar und 1. April zeigen:

Schneehöhe, cm	0	1—5	6—10	11—25	26—50	51—75	76—100	101—150	151—200	201—250	251—300	>300
Am 1. Jänner:												
Radstadt	13	8	11	23	33	8	2	2	—	—	—	—
Untertauern	—	5	5	22	40	19	7	2	—	—	—	—
Obertauern	—	—	2	5	5	14	28	29	15	2	—	—
Am 21. Februar:												
Radstadt	—	10	6	10	35	25	8	4	2	—	—	—
Untertauern	—	—	—	7	23	34	24	10	2	—	—	—
Obertauern	—	—	—	—	—	3	3	26	32	24	3	9
Am 1. April:												
Radstadt	74	7	4	11	2	—	2	—	—	—	—	—
Untertauern	9	5	10	24	34	14	2	2	—	—	—	—
Obertauern	—	—	—	—	—	2	7	26	38	12	8	7

Die hier angeführten Beispiele geben einen Einblick in die durchschnittliche Entwicklung, den Aufbau und den Abbau der Schneedecke im Laufe des Jahres, in die Änderung der Wahrscheinlichkeit des Vorhandenseins einer Schneedecke im Laufe des Winters und in die Zeitabschnitte, zu denen mit Sicherheit an den einzelnen Orten eine Schneedecke zu erwarten ist, aber auch in die Veränderlichkeit der Mächtigkeit dieser Schneedecke in den verschiedenen Jahren. Derartige Angaben können mit Vorteil für Planungen im Wintersport, im Fremdenverkehr und auch im Verkehrswesen ausgenutzt werden.

Weitere Beispiele mit graphischen Darstellungen und Zahlenangaben findet man im 63.—65. Jahresbericht des Sonnblick-Vereins [1] für St. Johann im Pongau (600 m), Dorfgastein (840 m), Böckstein (1120 m), Naßfeld (1630 m), Stuhlfelden (780 m), Rauris (945 m), Bucheben (1140 m), Mooserboden (2036 m), Saalfelden (744 m), Saalbach (1010 m), Schmittenhöhe (1964 m) für Gebiete nördlich der Hohen Tauern und für Obervellach (675 m), Mallnitz (1185 m), Innerkrems (1520 m), Sachsenburg (550 m), Döllach (1025 m), Heiligenblut (1380 m), Lienz (667 m), Iselsberg (1205 m), St. Jakob im Deffregen (1410 m) für Gebiete südlich der hohen Tauern, ferner an anderer Stelle [8] für Landeck (813 m), St. Anton am Arlberg (1306 m), Waldhäusl (1533 m) und Langen (1218 m) im Arlberggebiet, für Hallstadt-Lahn (497 m), Gröbming (776 m) und Hallstatt-Salzberg (1012 m) im Salzkammergut und für Reichenau (484 m), Naßwald (710 m), Semmering (1005 m) und Schneeberg (1803 m) im Osten Niederösterreichs.

Zu den Schneeverhältnissen südlich der Hohen Tauern ist als charakteristisch zu bemerken, daß z. B. in Döllach und Heiligenblut im Hochwinter die mittleren Schneehöhen trotz größerer Höhenlage dieser südlichen Stationen kleiner sind als auf der nördlichen Seite der Tauern in Rauris und in Bucheben. Auffallend ist auch, daß im Süden in den höheren Lagen die absolut größten Schneehöhen nicht erst im Frühling vorkommen, sondern schon bedeutend früher. Auch die Wahrscheinlichkeit des Vorhandenseins einer Schneedecke ist in den Hochwintermonaten im Süden trotz höherer Lage der Vergleichsstationen kleiner als im Norden der Hohen Tauern.

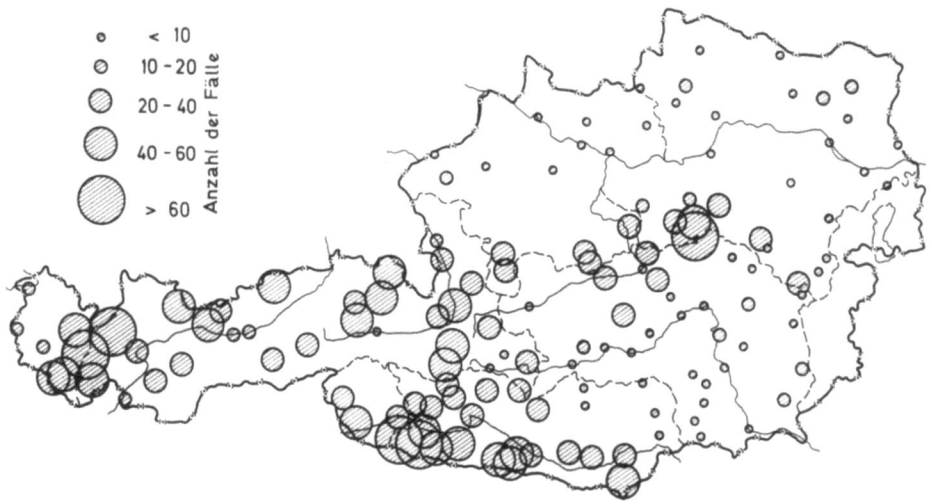

Abb. 11. Verteilung der Großschneefälle in Österreich (Winter 1894/95 bis 1938/39).

Am östlichen Ende des Nordalpenrandes sind sowohl die durchschnittlichen Schneehöhen wie auch die Schneedeckenwahrscheinlichkeiten in gleicher Seehöhe wesentlich kleiner als im westlichen Nordalpenrandgebiet, wie Stationen im Semmering- und Schneeberggebiet zeigen. In Reichenau betragen bei nahezu gleicher Seehöhe die durchschnittlichen Schneehöhen nur ein Fünftel bis ein Viertel der durchschnittlichen Schneehöhen am Hallstättersee. Die Wahrscheinlichkeit einer Schneedecke erreicht dort an keinem Tag des Winters 70%, überschreitet in Naßwald in 710 m Seehöhe auch nur an wenigen Tagen geringfügig 80% und bleibt noch am Semmering in 1000 m Seehöhe auch im Hochwinter immer unter 95%.

Aus diesen Beispielen ist nicht nur die Änderung der Schneedeckenverhältnisse im Laufe des Winters ersichtlich, sondern es zeigt sich darin auch, daß nicht nur eine starke Höhenabhängigkeit besteht, sondern daß die orographische Lage auch in gleicher Seehöhe große regionale Unterschiede verursacht.

8. Verteilung von Großschneefällen

Eine große Bedeutung für das Wachstum der Schneedecke kommt Großschneefällen zu, die aber auch bei entsprechender Geländegestaltung die Lawinengefahr vergrößern und andererseits das Verkehrswesen stark behindern können. Auf Grund von 45jährigen Beobachtungen wurden für 272 Stationen die Häufigkeiten von Großschneefällen erhoben und dazu alle Schneefälle gezählt, die pro Tag mindestens 20 cm Neuschnee gebracht haben, aber auch Schneefälle mit mehr als 30 cm und mit mehr als 50 cm Zuwachs der Schneedecke pro Schneefalltag wurden gesondert behandelt [9]. Die Abb. 11

gibt einen Überblick über diese Großschneefälle, wobei bemerkt werden muß, daß, abgesehen von drei, alle in Betracht gezogenen Stationen unterhalb von 1500 m Höhe gelegen sind. Aus der Karte ist ersichtlich, daß die meisten Großschneefälle im Arlberggebiet, im Gebiet der Karnischen Alpen und in den Ybbstaler Alpen vorkommen. Auch an anderen nördlichen und südlichen Randgebieten der Alpen sind Großschneefälle nicht viel seltener, während sie im nördlichen Alpenvorland und auch in der Südsteiermark nur selten vorkommen.

9. Die Schneedeckenverhältnisse im Hochgebirge

Große Schwierigkeiten bereitet die Erfassung der Schneeverhältnisse in den Hochalpen, wo es aus begreiflichen Gründen lange Beobachtungsreihen auf allen Gebieten nicht gibt. Einen genaueren Einblick in die Schneeverhältnisse im Hochgebirge in einem Teilgebiet unserer Alpen verdanken wir der Arbeit des Sonnblick-Vereins, der am Gebirgsstock des Rauriser Sonnblicks seit 45 Jahren ein Netz von Schneepegeln unterhält, die allerdings, abgesehen vom hochgelegenen Pegel in der Nähe des Observatoriums, immer nur einmal im Monat um die Monatswende abgelesen werden können. Diese Beobachtungswerte geben aber doch einen Aufschluß über den Aufbau und Abbau der Schneedecke im Laufe des Jahres und auch über die Änderungen von Jahr zu Jahr worüber im 63.—65. Jahresbericht des Sonnblick-Vereins berichtet worden ist [1].

Auch in den Hochregionen vollzieht sich die Zunahme der Schneedecke langsamer als ihr Abbau und die Eintrittszeit des Maximums der Schneehöhe verschiebt sich mit der Höhe weiter gegen den Frühling hin, und zwar vom 1. April in Kolm Saigurn (1600 m) bis 1. Mai in den Höhenlagen oberhalb 2400 m, wo aber die durchschnittlichen Schneehöhen auch bis zum 1. Juni nur wenig abgenommen haben. Letzteres gilt besonders für die Schneepegel am Oberen Fleißkees und auf der Fleißscharte. Ab Juni erfolgt dann eine rasche Abnahme der mittleren Schneehöhen bis zu Firnresten im September.

Die langjährigen Durchschnittswerte der Schneehöhen zu Zeiten des Maximums im Jahresgang betragen in Kolm Saigurn (1600 m) 132 cm, mit einem bisherigen Höchstwert von 350 cm, auf dem Unteren Goldbergkees (2480 m) 402 cm mit einem bisherigen Höchstwert von 820 cm, auf dem Oberen Goldbergkeesboden (2710 m) 444 cm mit einem Höchstwert von 1030 cm, auf dem oberen Steilhang des Goldbergkeeses (2850 m) 505 cm mit einem Höchstwert von 940 cm, auf der Fleißscharte (2990 m) 450 cm mit einem Höchstwert von 1060 cm und auf dem oberen Kleinen Fleißkees (2875 m) 538 cm mit einem Höchstwert von 1050 cm. Daraus ist ersichtlich, wie große Unterschiede in den einzelnen Jahren in den Schneehöhen im Hochgebirge bestehen können, die besonders für die Wasserwirtschaft von Bedeutung sind.

Weitere Kenntnisse im Hochgebirge verdanken wir der Verwaltung der Großglockner-Hochalpenstraße (Abb. 12), die auf ihren Hochgebirgsstraßen einen mustergültigen Schneebeobachtungsdienst eingerichtet hat. In wöchentlichen Meßgängen wurden dort seit 1936 in Abständen von höchstens 100 m an mehr als 800 Stellen entlang der Straße in Straßenmitte und am Straßenrand die Schneehöhen gemessen. Die Beobachtungen beginnen meist im November und wurden bis zum Verschwinden der Schneedecke im Frühling oder im Sommer fortgesetzt. Zwischen Ferleiten und Heiligenblut waren an günstigen Stellen 15 Meßprofile in einer Breite von 120 m quer zur Straße gelegt, an denen die Schneehöhen auch in 20, 40 und 60 m Entfernung von der Straße zu beiden Seiten gemessen worden sind. Diese Profile geben am ehesten einen Einblick in die natürliche Verteilung der Schneehöhen, weil sie in durch die Straße selbst möglichst wenig gestörten

Gebieten angelegt sind. Die aus den an den Meßstellen in den Profilen gewonnenen Schneehöhenwerten abgeleiteten durchschnittlichen Mittelwerte scheinen auch am besten die Schneehöhe der nächsten Umgebung zu repräsentieren, weil dort die Unterlage der Schneedecke die natürlichen Unebenheiten bilden, die Oberfläche der natürlichen Schnee-

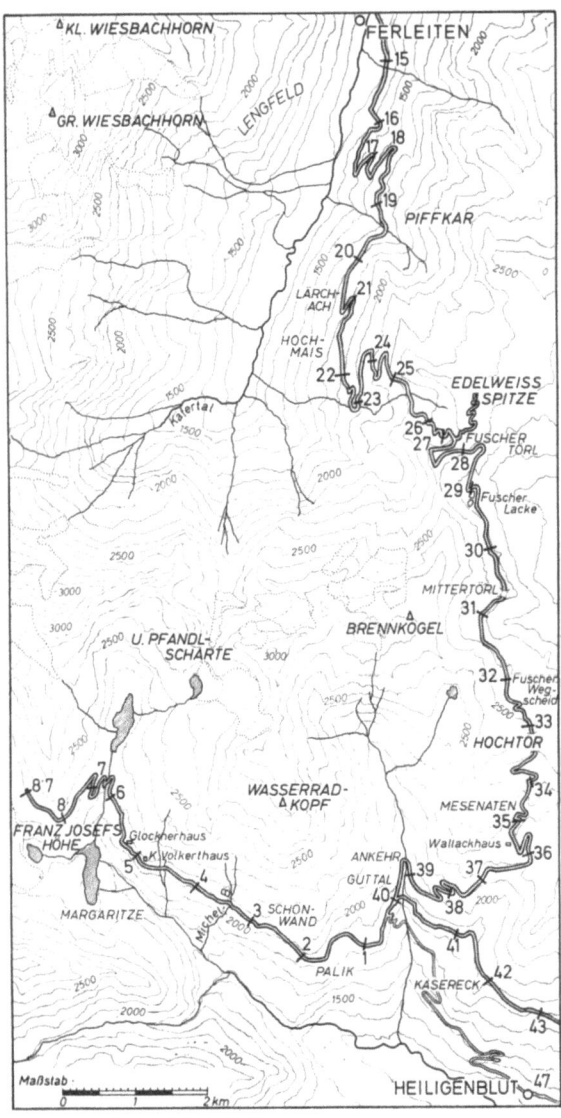

Abb. 12. Das Gebiet der Großglockner-Hochalpenstraße. Die Querstriche an der Straße und die beigefügten Zahlen bezeichnen die Kilometermarken.

decke aber darüber weitgehend eingeebnet ist. Auf Grund dieser Mittelwerte wurden für die einzelnen Profile Jahresgänge der Schneehöhe abgeleitet [2], die in den Abb. 13 und 14 im 10jährigen Durchschnitt wiedergegeben sind.

Die Abb. 13 zeigt auf Grund der Profilmittelwerte die Änderung der Schneehöhen im Zeitabschnitt von Mitte November bis Mitte Juli in den verschiedenen Höhenlagen auf der Nordrampe und Scheitelstrecke der Straße vom Mauthaus Ferleiten (1142 m) bis zum Hochtor (2490 m). Daraus ist wieder der allmähliche Aufbau der Schneedecke und die Verschiebung des Eintritts der größten Schneehöhe mit der Höhenlage der Meßstelle ersichtlich, ferner die Verzögerung des Endes der Schneedecke mit der Höhe, die besonders bis etwa 2200 m Höhe groß ist, in den höheren Lagen aber nur mehr geringe

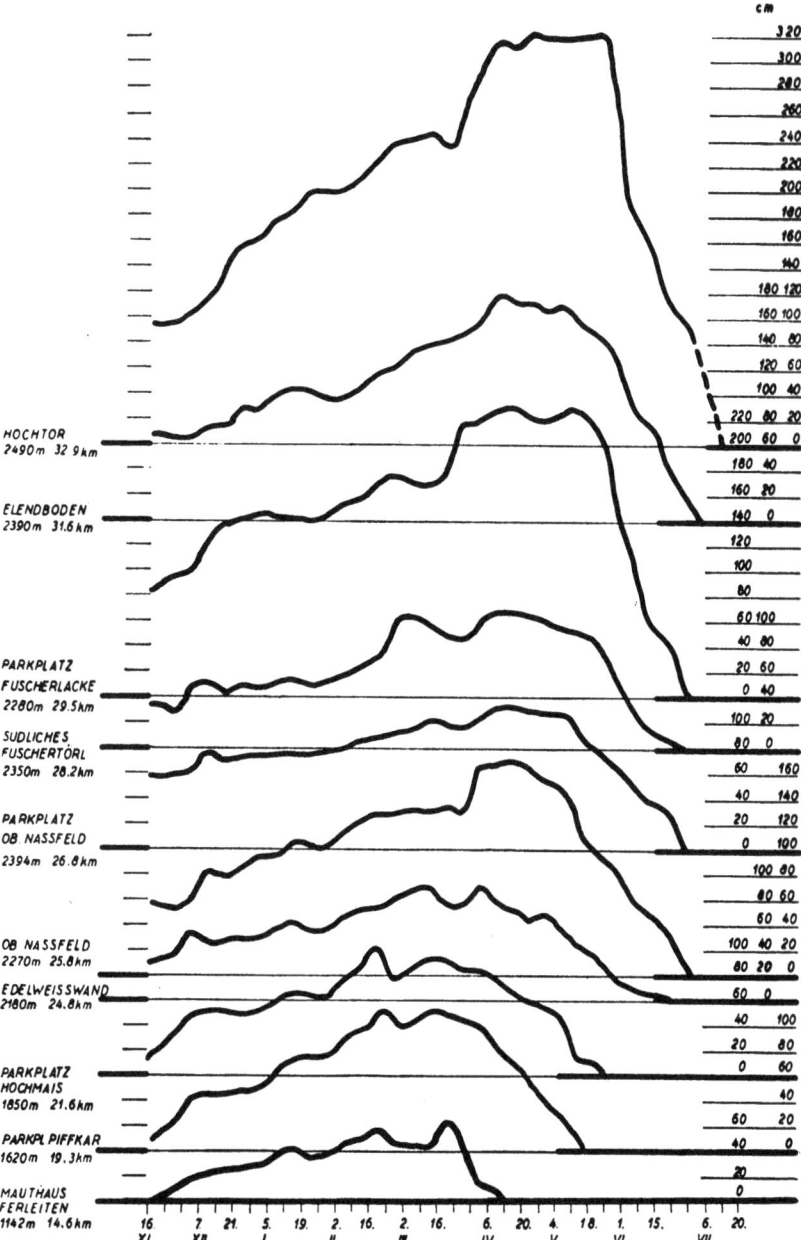

Abb. 13. Mittlere Jahresgänge der Schneehöhen berechnet aus zehnjährigen Beobachtungen an sechs Meßstellen in Profilen quer zur Straße auf der Nordrampe und Scheitelstrecke der Glocknerstraße. Die km-Zahlen bezeichnen die Straßenkilometer der Meßprofile gezählt von Bruck an der Glocknerstraße.

zeitliche Unterschiede aufweist, und der im Verhältnis zum zeitlichen Aufbau der Schneedecke viel raschere Abbau der Schneehöhe im Frühling, der besonders in den Hochlagen sehr rasch erfolgt.

Auf der Südrampe der Glocknerstraße (Abb. 14) zeigt ein ähnliches Bild von der Änderung der Schneehöhen im Laufe des Winters wie in den Hochlagen der Nordrampe und der Scheitelstrecke der Straße nur die höchste Meßstelle 100 m unter dem Ausgang des Hochtor-Tunnels, während in den übrigen Meßprofilen der Jahresgang eine stärkere Ausgleichung aufweist in dem Sinne, daß nach dem Erreichen einer bestimmten Schneehöhe zu Winterbeginn sich diese den Winter hindurch nur mehr verhältnismäßig wenig ändert und nur eine stark abgeschwächte Zunahme aufweist. Die Maxima der Schnee-

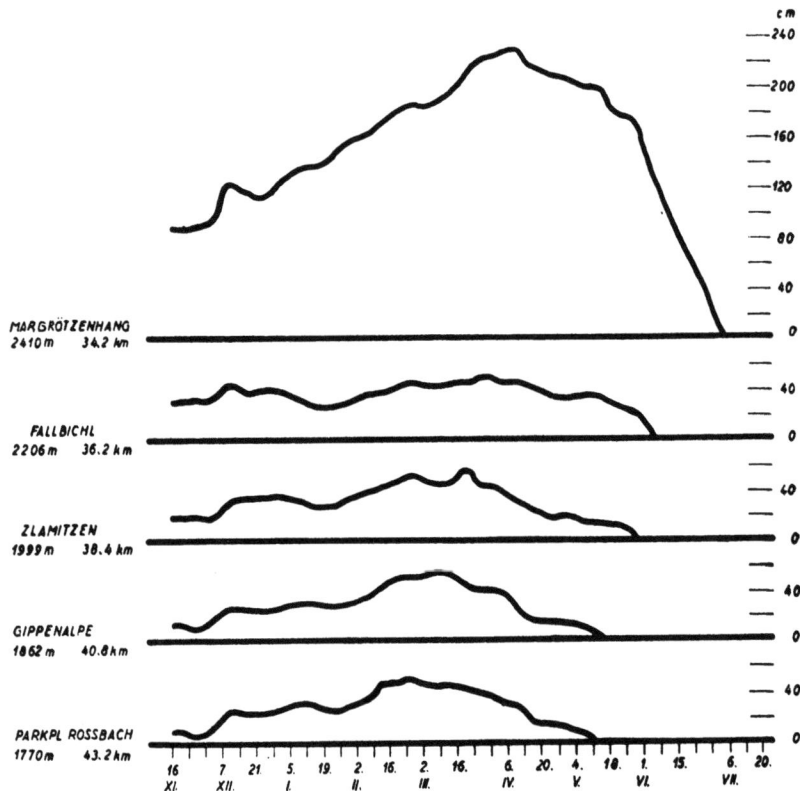

Abb. 14. Dasselbe wie Abb. 12, jedoch für die Südrampe der Großglocknerstraße.

höhe liegen dort beträchtlich unter dem Maximum der gleich hohen Lagen auf der Nordrampe. Diese Unterschiede der Entwicklung der Schneedecke im Laufe des Winters zwischen Nord- und Südrampe der Straße sind vermutlich dadurch beeinflußt, daß die Südabdachung des Gebirges den vorherrschenden Westwind stark ausgesetzt ist (Abb. 12), die den gefallenen Schnee zum Teil verwehen, und daß der Südhang auch gegen Sonnenstrahlung stark exponiert ist.

Die Schneehöhenmessungen auf der Glocknerstraße zeigen zum ersten Mal auch für ein größeres Hochgebirgsgebiet quantitativ, wie groß die Schneehöhenunterschiede in kleinen Distanzen sein können [3]. Auf Grund 20jähriger Beobachtungen in Abständen von je 100 m wurden Profile der Schneehöhe entlang der Großglocknerstraße von oberhalb Ferleiten im Norden bis Kasereck im Süden und von Guttal bis zur Franz-Josefs-Höhe für die Zeiten um den 1. Jänner, um den 29. Jänner, um den 26. Februar und um den 2. April gezeichnet [3]. Besonders groß sind die Unterschiede der Schneehöhe in kurzen Distanzen in den höheren Lagen der Nordrampe und auf der Scheitelstrecke (Abb. 15),

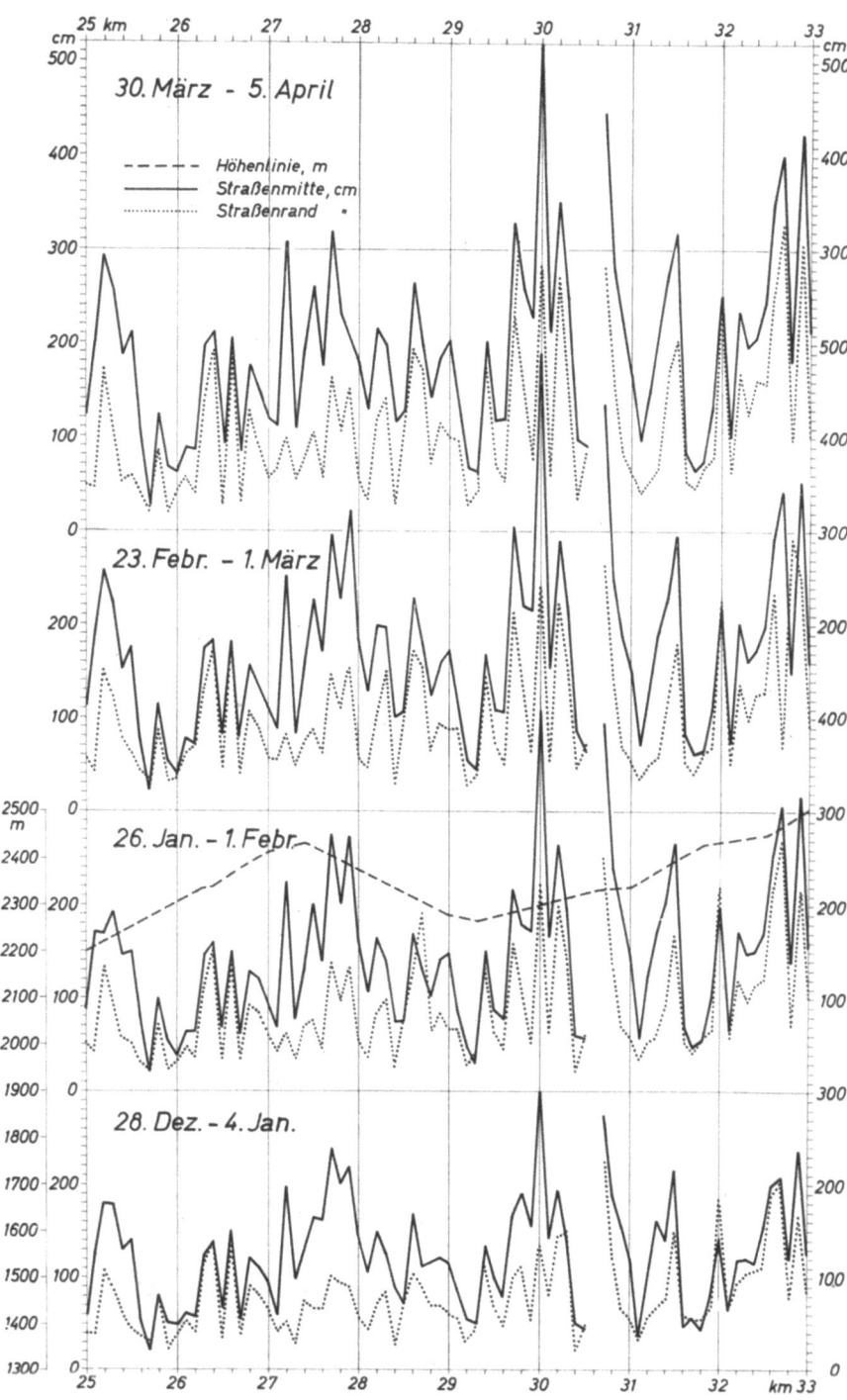

Abb. 15. Mittelwerte der Schneehöhen in Straßenmitte und am Straßenrand auf Grund von 20jährigen Messungen in Abständen von je 100 m auf der Nordrampe und Scheitelstrecke der Glocknerstraße von km 25 bis km 33 in den Wochen 28. Dezember bis 4. Jänner, 26. Jänner bis 1. Februar, 23. Februar bis 1. März und 30. März bis 5. April der Winter 1946/47 bis 1965/66.

wie auch auf der zur Franz-Josefs-Höhe führenden Gletscherstraße (Abb. 16), während in den tieferen Lagen der Nordrampe und auf der Südrampe der Straße die Änderungen in kleinen Abständen im allgemeinen wesentlich geringer sind, aber auch dort einzelne Stellen mit überragend großen Schneehöhen auffallen. Bezeichnend ist, daß an den

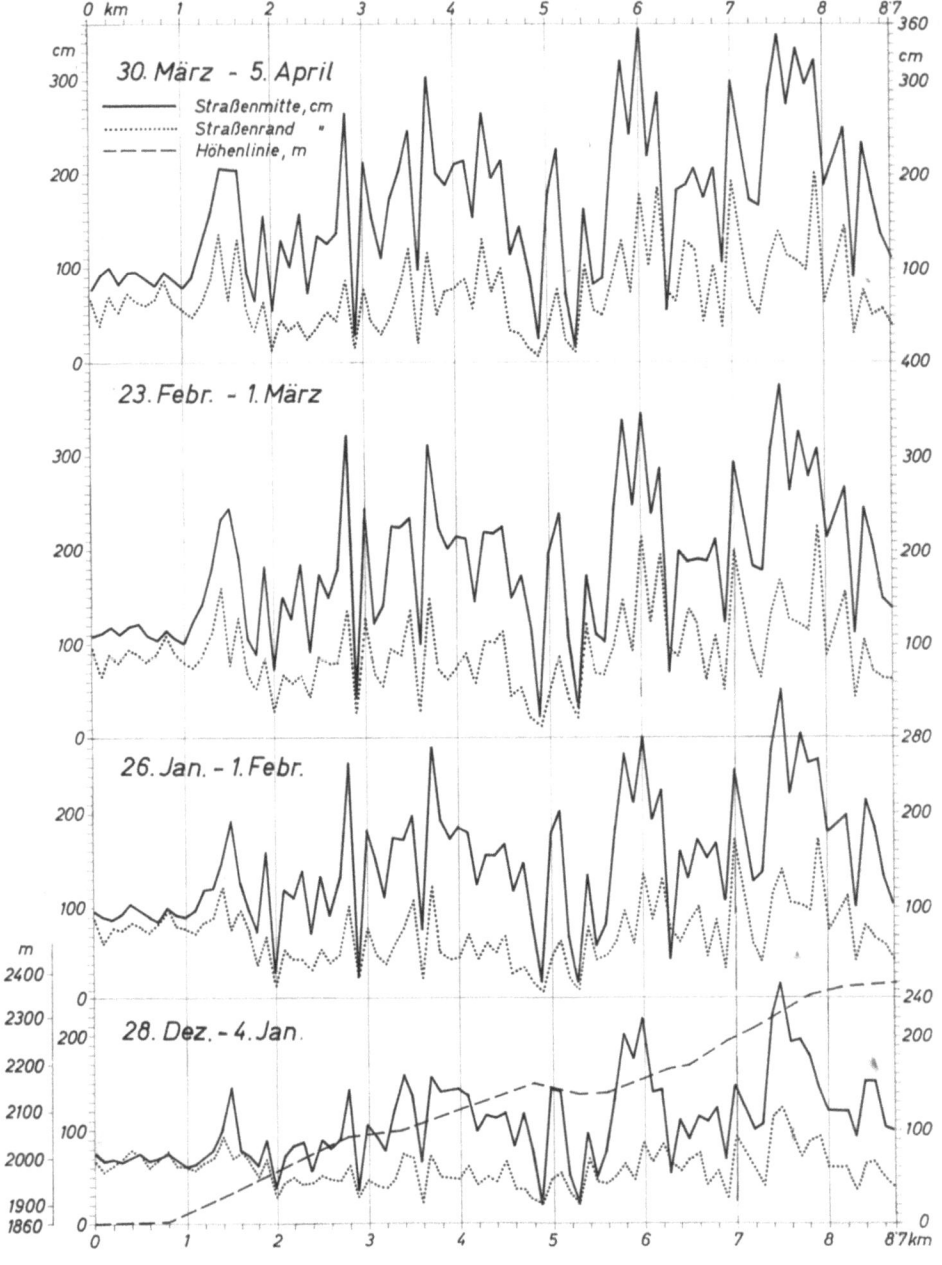

Abb. 16. Dasselbe wie Abb. 15, jedoch für die Gletscherstraße von Guttal bis zur Franz-Josefs-Höhe.

Stellen mit relativ großen Schneehöhen diese im Laufe des Winters noch weiter stark zunehmen, was darauf hindeutet, daß dort zufolge der Geländegestaltung der gefallene Schnee liegen bleibt oder durch angewehten Schnee die Schneedecke noch vergrößert wird, während an Stellen mit sehr geringen Schneehöhen diese im Laufe des Winters nicht mehr stark anwachsen und von dort offenbar der Schnee vorwiegend abgeweht wird. So nimmt z. B die Schneehöhe in der Zeit vom 1. Jänner bis 2. April bei km 30,0 in 2280 m Höhe von 300 auf 519 cm zu, bei km 29,3 in 2262 m Höhe aber nur von 50 auf 64 cm (Abb. 15), auf der Südrampe der Straße bei km 38,2 in 2016 m Höhe von 118 auf 380 cm, bei km 38,4 in 1999 m Höhe aber nur von 20 auf 40 cm, auf der Gletscherstraße bei km 6,0 (die Kilometer werden auf dieser Straße von Guttal aus gezählt) in der Nähe des Pfandelschartenbaches in 2180 m Höhe von 218 auf 355 cm; bei km 6,3 in 2185 m Höhe ist aber die Schneehöhe nahezu gleichbleibend bei 54 cm mit nur geringfügigen Schwankungen (Abb. 16).

Die bei den Schneehöhenmessungen auf der Gletscherstraße festgestellten Unterschiede in den langjährigen Durchschnittswerten auf kleinen Distanzen zeigen, daß für die Gewinnung repräsentativer Werte der Schneehöhe im Hochgebirge der Auswahl der Beobachtungsstellen große Sorgfalt gewidmet werden muß. Die zeigen aber auch, daß es nicht genügt, nur den Umfang der schneebedeckten Fläche zu erfassen, um daraus Schlüsse auf den in der Schneedecke gespeicherten Wasservorrat etwa für Zwecke der Wasserwirtschaft zu ziehen, sondern daß dazu auch die außerordentlich große Veränderlichkeit der Schneetiefe in ihrer räumlichen Verteilung wie auch in den zeitlichen Unterschieden berücksichtigt werden muß.

10. Die langzeitigen Änderungen der Schneedeckenverhältnisse

Für Planungszwecke ist es auch notwendig, die Änderung der Schneedeckenverhältnisse im Laufe der ganzen Beobachtungsperiode kennenzulernen, um Hinweise darauf zu bekommen, mit welch extremen Abweichungen von den Durchschnittswerten in längeren Zeitabschnitten zu rechnen ist. Über die sogenannten säkularen Änderungen der Zahl der Tage mit Schneedecke und der Summe der Neuschneehöhen wurde im 66.—67. Jahresbericht des Sonnblick-Vereins getrennt für vier großräumige Teilabschnitte von Österreich in der Darstellung nach 5jährig übergreifenden Mittelwerten berichtet [10]. Daraus ist ersichtlich, daß noch im 5jährigen Mittelwert Schwankungen um 60% der Neuschneesummen vorkommen können und diese Schwankungen den Schwankungen der Zahl der Tage mit Schneedecke ziemlich parallel verlaufen, aber in ihrem langzeitigen Ablauf Unterschiede in verschiedenen Teilgebieten Österreichs aufweisen.

* * *

Mit diesen Ausführungen sollte gezeigt werden, wie vielfältig die Probleme der Behandlung der Schneeverhältnisse in einem Gebirgsland wie Österreich sind, was an Beobachtungsmaterial und an Bearbeitungen bereits zur Verfügung steht, und an Beispielen auch, welche Methoden für Bearbeitungen gerade auch im Hinblick auf die Verwertung der Ergebnisse in Wirtschaft und Technik sich anbieten. Es wäre zu hoffen, daß davon in Zukunft mehr Gebrauch gemacht würde, als dies bisher der Fall war.

Literatur

[1] Steinhauser, F.: Die Schneeverhältnisse im Sonnblickgebiet. 63.—65. Jahresbericht d. Sonnblick-Vereines für die Jahre 1965—1967. S. 3—42, Wien 1968.

[2] Steinhauser, F.: Untersuchungen über die Schneedeckenverhältnisse auf der Großglockner-Hochalpenstraße. Geofisica pura e applicata, **17**, S. 183—198 (1950).

[3] Steinhauser, F.: Über die Schneeverhältnisse auf der Großglockner-Hochalpenstraße. Arbeiten aus dem Geograph. Inst. d. Universität Salzburg, Bd. 3: Beiträge zur Klimatologie, Meteorologie und Klimamorphologie, S. 81–100, Salzburg 1972.

[4] Steinhauser, F.: Karte der Andauer der Schneedecke in Österreich 1901 bis 1950. Herausgegeben von der Zentralanstalt für Meteorologie und Geodynamik, Wien 1956.

[5] Steinhauser, F.: Schneekarte von Österreich für den Beginn der Schneedecke, Schneekarte von Österreich für das Ende der Schneedecke, Schneekarte von Österreich für die mittleren maximalen Schneehöhen, Schneekarte von Österreich für die Summen der Neuschneehöhen im Normaljahr 1901 bis 1950. Beilagen zu: Beiträge zur Hydrographie Österreichs, Nr. 34. Herausgegeben vom Hydrographischen Zentralbüro, Wien 1962.

[6] Steinhauser, F.: Die Schneehöhen in den Ostalpen und die Bedeutung der winterlichen Temperaturinversion. Archiv Met. Geoph. Biokl., Bd. 1, 63–74 (1949).

[7] Schneider-Carius, K.: Die Grundschicht der Troposphäre. Leipzig: Akad. Verlags-Ges. Geest u. Portig. 1953.

[8] Steinhauser, F.: Schneedeckenwahrscheinlichkeit und durchschnittlich größte Schneehöhen in österreichischen Waldgebieten. Centralblatt für das gesamte Forstwesen. 84 355–364 (1967).

[9] Schalko, Margarethe, und F. Steinhauser: Großschneefälle in Österreich. Jahrbuch d. Zentralanstalt f. Meteorologie u. Geodynamik. Neue Folge 87. Bd., Anhang D8, S. 65–75, Wien 1951.

[10] Steinhauser, F.: Die säkularen Änderungen der Schneedeckenverhältnisse in Österreich (Beiträge zur Kenntnis der Klimaschwankungen III). 66.–67. Jahresbericht d. Sonnblick-Vereines für die Jahre 1968–1969. S. 3–19, 4 Blatt Anhang, Wien 1970.

Regen im Hochgebirge

(Analysen auf Grund der wahren Tageswerte des Niederschlags auf dem Sonnblick)

Von Adele und Friedrich Lauscher, Wien

Mit 2 Abbildungen

Den Meteorologen interessiert die Wasserbilanz der Atmosphäre. Er schmilzt den festen Niederschlag in den Meßgefäßen und gibt den Wasserwert an. Für hydrologische und glaziologische Bilanzen ist genauer zu unterscheiden zwischen Niederschlag in flüssiger, gemischter und fester Form. Die Meteorologie des Sonnblicks [1] bietet in Tab. 87 auf S. 103 eine Statistik des Anteils der verschiedenen Niederschlagsformen am Gesamtniederschlag für die Beobachtungsjahre des Observatoriums vor 1936: Im Normaljahr gab es 90% als Schnee (evtl. mit Graupeln), rund 4% als Schnee-Regen-Gemisch und je 3% als Mischung von Regen und körnigem Niederschlag (Graupeln oder Hagel), bzw. als Regen allein.

Nach Vorstudien seit 1935 wurde im österreichischen Klimadienst nach dem zweiten Weltkrieg allgemein die Berechnung des festen Niederschlags (F in mm Wasserwert) und seines Prozentanteils am Gesamtniederschlag ($F\%$) eingeführt. Hierbei wurde an Tagen mit gemischtem Niederschlag einfach angenommen, daß je die Hälfte zum festen und zum flüssigen Anteil gerechnet werden solle. Über die Berechtigung dieses Verfahrens siehe z. B. [2].

Im letzten Jahresbericht des Sonnblick-Vereins [3] wurden für den Totalisator „Hoher Sonnblick", 3080 m Seehöhe, in Tab. 2 Monats- und Jahreswerte des Niederschlags in mm Wasserwert für alle einzelnen Jahre von 1946 bis 1970 und für den Durchschnitt dieser Periode veröffentlicht. In Tab. 3 wurde analog der Prozentanteil des Regens (flüssiger + halber gemischter Niederschlag) gebracht, wie er sich nach den täglichen Ombrometermessungen auf dem Sonnblickgipfel errechnen ließ (im allgemeinen aus dem Mittel des „Nordkübels" und des „Südkübels"). In der gleichen Tab. 3 findet man den Regenniederschlag, berechnet aus den genannten %-Zahlen und den Totalisationswerten der Tab. 2.

Während nach [1] in alten Zeiten der %-Anteil des Regens auf dem Sonnblick nur 6,7% ausmachte, ist er in der neueren Zeit auf 10,3% gestiegen.

Die Monatswerte des festen Niederschlags kann man leicht als Differenzen zwischen den Zahlen der Tab. 2 und den Zahlen R in Tab. 3 von [3] errechnen bzw. auch als Differenzen der fortschreitenden Summen in Tab. 6 von [3]. Im Normaljahre gibt es auf dem Sonnblick 2700 mm Gesamtniederschlag, davon 2422 in fester und 278 in flüssiger Form.

1. Klimatologische Beziehungen zwischen Temperatur und dem Prozentanteil des festen Niederschlags

In [4] waren in vorläufiger Weise mit Hilfe alpiner, norwegischer und arktischer Beobachtungen Beziehungen zwischen dem Prozentanteil des festen Niederschlags ($F\%$) am Gesamtniederschlag und der Monats- bzw. Jahresmitteltemperatur (t) abgeleitet worden. Dabei konnte festgestellt werden:

a) In niedrigen Lagen gibt es bei Monatsmitteln um $+10°$ C nur mehr flüssigen Niederschlag, bei Mitteln um $0°$ etwa gleich viel flüssigen wie festen Niederschlag und bei Mitteln gegen $-10°$ nur mehr Schneefall. Angenähert gilt also die „Leitlinie" $F\% = 50 - 5\,t$.

b) In hohen Lagen ist der Anteil des festen Niederschlags wesentlich größer, u. zw. um 5 bis 15% über den Beträgen der Leitlinie. Niederschlagswetterlagen sind auf den Höhen relativ kalt. Auf Hochgipfeln verbürgt schon eine Monatsmitteltemperatur von $-5°$ C reinen Schneefall, Gebirge begünstigen demnach die Schneeakkumulation, die Vergletscherung und Eiszeiten.

c) Nur in höchsten Gebirgen sind Zonen denkbar, in denen nie flüssiger Niederschlag fällt. Selbst in der Packeiszone ist der Prozentanteil des festen Niederschlags nur 61%: Im Winter ist es einfach zu kalt, als daß stärkerer Niederschlag fallen könnte, im Sommer erreicht der Anteil flüssigen Niederschlags 70%.

Es ist lohnend, mit Hilfe der Beobachtungen des Sonnblick-Observatoriums aus 1946 bis 1970 die Relation zwischen dem Prozentanteil des festen Niederschlags ($F\%$) und der Monatsmitteltemperatur (t) genauer zu analysieren. Das Grundmaterial hierzu findet man in Tab. 1, eine Häufigkeitsanalyse in Tab. 2. Die Statistik der Temperaturen wurde eingehender gebracht, als dies für den vorliegenden Zweck notwendig gewesen wäre, doch werden gerade in der Glaziologie die Temperaturwerte unseres Observatoriums immer wieder als Index herangezogen (siehe z. B. [5]). Somit können diese Zahlen vielleicht auch für andere Zwecke nützlich sein.

Zu den Temperaturen in Tab. 1: Der wärmste Monat war der Juli 1952 mit $+3,9°$ Monatsmittel auf dem Sonnblick, der kälteste der Februar 1956 mit $-21,0°$. Die wärmsten Jahre waren 1948 und 1961 mit je $-5,0°$, das kälteste Jahr 1956 mit $-7,1°$.

Tabelle 1. Monats- und Jahresmittel der Lufttemperatur in °C auf dem Sonnblick, 3106 m, in den Jahren 1946 bis 1970 und Durchschnittswerte (D) für diesen Zeitraum (Zeilen t, Viertelmittel aus $7 + 14 + 2 \times 21$ Uhr). Die Zeilen $F\%$ enthalten die Prozentanteile des festen Niederschlags am Gesamtniederschlag, doch nur für jene Monate, in welchen der Prozentsatz unter 100% lag.

		Jan.	Feb.	März	April	Mai	Juni	Juli	Aug.	Sept.	Okt.	Nov.	Dez.	Jahr
1946	t	−12,7	−13,6	−9,2	−5,2	−1,9	−0,4	2,8	1,9	1,1	−6,0	−8,3	−14,3	−5,5
	$F\%$					90	75	75	81					91,0
1947	t	−16,1	−12,7	−9,6	−5,6	−1,6	0,5	2,9	2,0	1,1	−2,8	−7,6	−14,0	−5,2
	$F\%$					84	39	46	71					85,2
1948	t	−10,4	−13,0	−7,6	−7,9	−2,8	−1,7	−0,4	1,8	0,1	−2,5	−6,8	−8,4	−5,0
	$F\%$					94	93	54	80					92,6
1949	t	−10,7	−11,3	−14,6	−4,8	−3,8	−2,3	1,0	1,3	1,7	−1,3	−9,5	−9,7	−5,3
	$F\%$				96		61	50	93	86				89,2

Tabelle 1 (Fortsetzung)

		Jan.	Feb.	März	April	Mai	Juni	Juli	Aug.	Sept.	Okt.	Nov.	Dez.	Jahr
1950	t	− 12,7	− 10,0	− 9,6	− 9,1	− 2,3	1,5	3,8	2,8	− 0,9	− 3,7	− 9,5	− 12,4	− 5,2
	F%						56	47	80					87,0
1951	t	− 10,8	− 12,6	− 12,1	− 8,6	− 4,4	− 0,2	1,7	2,6	1,2	− 4,7	− 7,5	− 8,4	− 5,3
	F%						88	67	52	63				91,8
1952	t	− 14,8	− 15,2	− 11,1	− 5,1	− 4,4	0,0	3,9	3,0	− 3,6	− 6,2	− 11,7	− 12,4	− 6,4
	F%						73	37	54	83				85,8
1953	t	− 14,2	− 14,1	− 10,8	− 7,0	− 3,8	− 0,8	2,5	1,1	0,5	− 2,7	− 4,7	− 8,7	− 5,2
	F%					95	65	34	63	82	84			80,7
1954	t	− 16,9	− 13,8	− 10,2	− 9,1	− 4,4	0,7	− 0,9	0,2	0,2	− 3,6	− 8,2	− 10,7	− 6,4
	F%						57	83	66	88				90,4
1955	t	− 9,9	− 14,7	− 12,5	− 9,8	− 5,1	− 1,3	1,2	− 0,3	− 1,5	− 5,4	− 8,6	− 9,5	− 6,4
	F%						92	64	60	70				90,8
1956	t	− 12,1	− 21,0	− 13,1	− 9,8	− 4,8	− 2,6	1,6	1,8	1,4	− 4,8	− 10,4	− 10,9	− 7,1
	F%					99	93	72	64	68				93,3
1957	t	− 12,3	− 11,4	− 7,4	− 8,6	− 5,7	0,6	1,4	0,2	− 1,6	− 2,1	− 6,2	− 11,0	− 5,4
	F%						42	93	53	97				82,7
1958	t	− 12,3	− 10,4	− 15,3	− 10,7	− 0,3	− 1,3	2,4	2,6	0,8	− 4,3	− 6,5	− 10,4	− 5,5
	F%				98	97	48	59	46	95				88,5
1959	t	− 14,8	− 9,3	− 8,0	− 7,6	− 3,8	− 1,0	2,4	0,5	− 0,3	− 3,6	− 8,3	− 10,9	− 5,4
	F%						79	31	67	41				85,0
1960	t	− 13,9	− 11,7	− 10,4	− 9,2	− 4,1	− 0,4	− 0,3	1,1	− 2,5	− 5,5	− 8,4	− 10,4	− 6,3
	F%						59	85	84	80				93,6
1961	t	− 11,9	− 10,6	− 9,5	− 4,8	− 5,6	0,6	− 0,3	1,5	2,8	− 2,7	− 7,5	− 11,5	− 5,0
	F%					83	72	84	47	95				93,2
1962	t	− 11,8	− 14,5	− 15,0	− 9,5	− 5,4	− 2,8	0,3	3,6	− 1,4	− 2,5	− 10,6	− 13,9	− 7,0
	F%					81	66	38	85					92,9
1963	t	− 18,5	− 16,0	− 11,4	− 7,0	− 4,2	0,4	2,8	1,6	0,1	− 3,7	− 6,3	− 10,8	− 6,1
	F%					75	44	61	68	99				83,6
1964	t	− 10,5	− 12,2	− 10,5	− 7,0	− 3,2	1,0	1,6	1,0	− 0,6	− 5,9	− 6,9	− 10,2	− 5,3
	F%					95	49	71	82	84				91,0
1965	t	− 12,9	− 19,1	− 11,6	− 10,0	− 5,6	− 0,1	0,8	− 0,1	− 2,1	− 1,4	− 9,7	− 11,6	− 7,0
	F%					93	57	88	89					94,0
1966	t	− 15,4	− 8,5	− 13,8	− 6,6	− 4,0	0,0	0,3	0,5	1,0	− 2,1	− 2,1	− 12,5	− 5,3
	F%				89	86	77	58	79	84				91,7
1967	t	− 13,6	− 12,6	− 10,5	− 9,6	− 4,0	− 1,4	3,0	2,0	− 0,2	− 1,0	− 5,4	− 14,1	− 5,6
	F%				99	99	54	53	66	98				93,4
1968	t	− 16,1	− 11,8	− 10,6	− 6,0	− 4,0	− 0,5	0,5	− 0,4	− 2,2	− 1,9	− 6,6	− 13,2	− 6,1
	F%				86	86	79	65	87					90,3
1969	t	− 11,3	− 15,7	− 11,0	− 9,2	− 1,4	− 2,1	2,1	0,3	0,9	− 1,4	− 8,1	− 15,3	− 6,0
	F%				98	91	60	72	65					89,7
1970	t	− 11,1	− 16,3	− 14,0	− 10,4	− 6,6	0,3	0,8	1,8	0,0	− 4,2	− 6,0	− 11,6	− 6,4
	F%					84	62	59	64					86,0
D	t	− 13,1	− 13,3	− 11,2	− 7,9	− 3,9	− 0,5	1,5	1,4	− 0,2	− 3,4	− 7,7	− 11,5	− 5,8
	F%	100	100	100	100	98,3	81,3	65,4	63,1	78,3	98,1	100	100	89,7

In 14 von 25 Fällen war der Juli der wärmste Monat, in 7 der August, in einem Fall (1954) August und September, in 3 Fällen (1949, 1961, 1966) sogar der September allein.

In 12 von 25 Fällen war der Januar der kälteste Monat, in 9 der Februar, in 2 (1949, 1962) der März und gleichfalls in 2 (1946, 1967) der Dezember.

Zu den Häufigkeiten der Temperatur in Tab. 2: Die Stufen größter Häufigkeit mit je 25 Fällen waren die Intervalle 0,0 bis 0,9 und − 11,0 bis − 10,1° C. Die Zwischenintervalle der Übergangszeiten sind relativ spärlich vertreten, am seltensten das Intervall — 8,0 bis — 7,1°. Im Winter kommen etwa doppelt so viele Intervalle vor wie im Sommer, z. B. im Februar 13 Stufen gegen je 5 im Juni bis August. Positive Monatsmittel gab es nur von Juni bis September.

Tabelle 2. Monatliche und jährliche Häufigkeiten der Lufttemperatur (t) in Intervallen von je 1°C auf dem Sonnblick, 3106 m, 1946 bis 1970 (Zeilen n). In den Zeilen $F\%$ stehen die betreffenden Mittelwerte des Prozentanteils des festen Niederschlags am Gesamtniederschlag aus allen Fällen des jeweiligen Temperaturintervalls. Alle 100%-Werte bei unter —5° sind jedoch nicht angeschrieben

t, °C		Jan.	Feb.	März	Apr.	Mai	Juni	Juli	Aug.	Sept.	Okt.	Nov.	Dez.	Jahr
3,0 bis 3,9	n	—	—	—	—	—	—	3	2	—	—	—	—	5
	$F\%$							49	46					48
2,0 bis 2,9	n	—	—	—	—	—	—	7	5	1	—	—	—	13
	$F\%$							48	51	47				49
1,0 bis 1,9	n	—	—	—	—	—	2	6	10	6	—	—	—	24
	$F\%$						74	71	68	76				71
0,0 bis 0,9	n	—	—	—	—	—	8	5	5	7	—	—	—	25
	$F\%$						73	68	63	70				69
— 1,0 bis — 0,1	n	—	—	—	—	1	7	4	3	4	1	—	—	20
	$F\%$					98	80	83	70	68	98			79
— 2,0 bis — 1,1	n	—	—	—	—	3	4	—	—	3	4	—	—	14
	$F\%$					99	96			84	96			94
— 3,0 bis — 2,1	n	—	—	—	—	2	4	—	—	3	7	1	—	17
	$F\%$					100	91			85	95	100		93
— 4,0 bis — 3,1	n				—	7	—	—	—	1	4	0	—	12
	$F\%$					94				83	100	—		95
— 5,0 bis — 4,1	n	—	—	—	2	6	—	—	—	—	4	1	—	13
	$F\%$				100	100					99	100		100
— 6,0 bis — 5,1	n	—	—	—	4	5	—	—	—	—	4	2	—	15
— 7,0 bis — 6,1	n	—	—	—	4	1	—	—	—	—	1	6	—	12
— 8,0 bis — 7,1	n	—	—	3	2	—	—	—	—	—	—	3	—	8
— 9,0 bis — 8,1	n	—	1	0	2	—	—	—	—	—	—	6	3	12
— 10,0 bis — 9,1	n	1	2	4	9	—	—	—	—	—	—	3	2	21
— 11,0 bis — 10,1	n	4	2	7	2	—	—	—	—	—	—	2	8	25
— 12,0 bis — 11,1	n	4	4	3	—	—	—	—	—	—	—	1	3	15
— 13,0 bis — 12,1	n	6	5	2	—	—	—	—	—	—	—	—	3	16
— 14,0 bis — 13,1	n	2	2	3	—	—	—	—	—	—	—	—	3	10
— 15,0 bis — 14,1	n	3	3	2	—	—	—	—	—	—	—	—	2	10
— 16,0 bis — 15,1	n	1	3	1	—	—	—	—	—	—	—	—	1	6
— 17,0 bis — 16,1	n	3	1	—	—	—	—	—	—	—	—	—	—	4
— 19,0 bis — 18,1	n	1	0	—	—	—	—	—	—	—	—	—	—	1
— 20,0 bis — 19,1	n	—	1	—	—	—	—	—	—	—	—	—	—	1
— 21,0 bis — 20,1	n	—	1	—	—	—	—	—	—	—	—	—	—	1

Zum Prozentanteil des festen Niederschlags in Tab. 1: Sämtliche Monate vom November bis einschließlich April brachten nur festen Niederschlag (Schnee und evtl. Graupeln). Im Mai gab es in 9 von 25 Fällen auch flüssigen Niederschlag, im Juni fast immer (23mal), im Oktober in 7 Fällen. Vom Juli bis September blieb kein einziger Monat völlig regenfrei. Der Anteil des Regens ist im August mit einem Durchschnitt von 36,9% des Gesamtniederschlags am größten. Der prozentual regenreichste Monat war der Juli 1959 mit 69% flüssigem und nur 31% festem Niederschlag bei einer Monatsmitteltemperatur von + 2,4° C. Auch absolut genommen steht dieser Monat mit einer Regenhöhe von 248 mm an der Spitze (vgl. Tab. 3 in [3]), doch errechnet sich für den Juni 1957 der gleiche Betrag an Regen bei noch höherem Gesamtniederschlag.

Der Jahresanteil des Regens schwankte zwischen 6,0% im Jahre 1965 und 19,3% im Jahre 1953. Die kleinsten und größten Absolutbeträge waren 195 mm im Jahre 1961 und 463 mm im Jahre 1957.

Besonders hervorgehoben seien noch zwei Einzelmonate: Im Mai 1956 betrug das Monatsmittel der Temperatur — 4,8° C. Trotzdem gab es 1% Regen aus Regen-Schneegemisch am 29. und 31. Dagegen fiel im Juni 1950 nur Schnee und Graupeln, obwohl es im ganzen Monat nur zwei Eistage gab, also an 28 Tagen Plusgrade vorkamen und

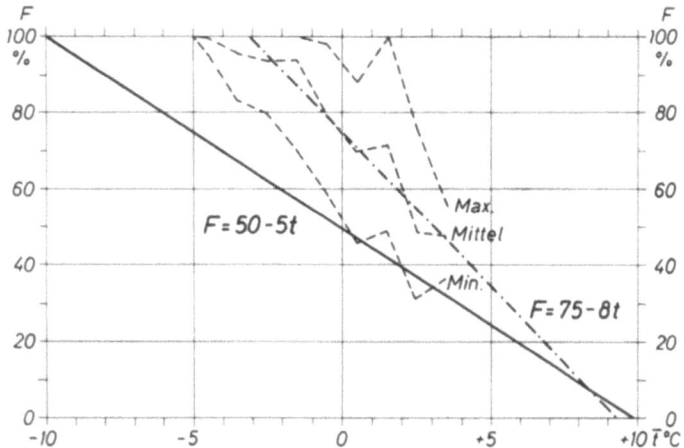

Abb. 1. Durchschnittliche Beziehungen zwischen dem Prozentanteil festen Niederschlags $F\%$ am Gesamtniederschlag und der Monatsmitteltemperatur $\bar{t}$ auf dem Sonnblick. Kurven für die Mittelwerte und Einhüllende für die höchsten und tiefsten Einzelwerte. „Leitlinie" $F = 50 - 5t$ für Niederungen gemäß [4], Linie $F = 75 - 8t$ für den Sonnblick.

das Monatsmittel der Temperatur + 1,5° C war. Durch Besprechung dieser beiden Außenseiter-Monate sei klargestellt, daß die folgenden Darlegungen nur im klimatischen Durchschnitt volle Gültigkeit haben.

Zum Prozentanteil des festen Niederschlags in Tab. 2: Faßt man alle n-Fälle zusammen, in welchen die Monatsmittel der Temperatur in eines der genannten Eingradintervalle fielen, so zeigt sich — von kleinen Unregelmäßigkeiten abgesehen — eine klare Abhängigkeit von $F\%$ von der Temperatur. Bei Monatsmittel von rund 2 bis 3 Plusgraden fällt etwa gleich viel flüssiger und fester Niederschlag, bei Mitteln unter — 5° in Sonnblick-Höhe nur mehr Schnee (und Graupeln).

Im Jahresgang fällt auf: Mai und Oktober können im Mittel recht kalt sein und doch kann es zwischendurch Wetterperioden zumindestens mit Mischniederschlag geben. Im August und September ist der Anteil des festen Niederschlags bei gleicher Monatsmitteltemperatur relativ am geringsten, es fällt also etwas öfter Niederschlag auch bei relativ wärmerem Wetter.

In Abb. 1 ist vor allem die mittlere Relation zwischen $F\%$ und t für alle verwendeten Einzelmonate auf dem Sonnblick eingetragen. Man kann diese Kurve etwa durch $F\% = 75 - 8t$ approximieren. Einem Monatsmittel von 0° entspricht dann im Mittel drei Viertel fester und ein Viertel flüssiger Niederschlag. Nur flüssigen Niederschlag gäbe es auf dem Sonnblick erst bei einer Monatsmitteltemperatur von + 9,4° (Maximum Juli 1928 4,2°). Bereits bei einem Monatsmittel von — 3,1° wäre aber $F = 100\%$ erreicht. Wie bereits erwähnt, gab es im Juni 1950 selbst bei einem Monatsmittel von + 1,5° nur mehr festen Niederschlag, aber im allgemeinen wird doch bis zu Mitteln von — 5° ab und zu flüssiger Niederschlag vorkommen.

Die obere Einhüllende der Schar der Einzelpunkte liegt, soweit dies überhaupt möglich ist, um rund 20% höher als die Mittelkurve, die untere Einhüllende um rund

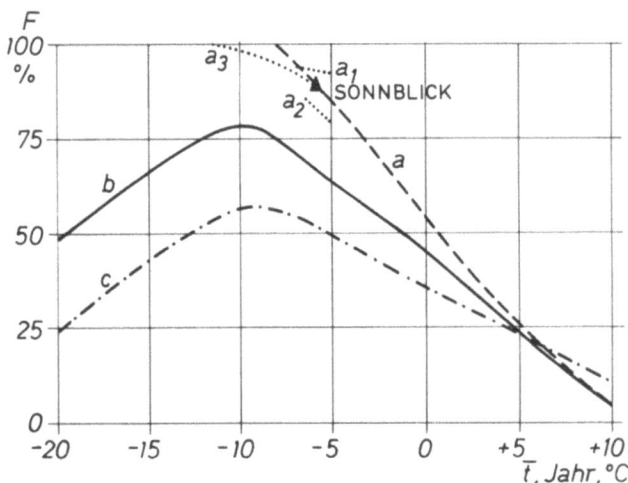

Abb. 2. Durchschnittliche Beziehungen zwischen dem Prozentanteil festen Niederschlags $F\%$ am Gesamtniederschlag und der Jahresmitteltemperatur $\bar{t}$, Jahr. Der durch ein Dreieck bezeichnete Punkt entspricht dem 25jährigen Durchschnitt auf dem Sonnblick — 5,8° C, 89,7%. Die Kurven a und b sind [4] entnommen, die Kurve c [7]. Kurve a gilt für die Ostalpenländer, Kurve b für Niederungen des nordatlantischen und arktischen Raumes, Kurve c für Kerngebiete kontinentalen Klimas auf der Nordhalbkugel. a_1 und a_2 sind die Einhüllenden der höchsten und tiefsten Einzelwerte nach den Sonnblick-Beobachtungen aus 1946—1970 entsprechend Tab. 1. Der Richtungsverlauf dieser beiden Kurven scheint anzudeuten, daß der Linienzug a für Höhen über 3000 m durch die punktierte Linie a_3 zu ersetzen ist. Nicht bei einem Jahresmittel von — 8° C, sondern erst bei einem von — 11° C wäre dementsprechend nur mehr fester Niederschlag auf den Hochregionen zu erwarten. In kontinentalen Niederungen ist der Anteil festen Niederschlags am Gesamtniederschlag in der Regel nicht höher als 56%. Dieser Höchstwert wird bei einem Jahresmittel der Temperatur von — 9° C erreicht. In maritimen Niederungen ist der Scheitelwert bei rund — 10° Jahrestemperatur erreicht und beträgt rund 79%.

20% tiefer. Die durchschnittliche Abweichung aller Einzelwerte aus Mai bis Oktober von der Mittelkurve beträgt ± 8,4%. Der Korrelationskoeffizient zwischen F und t ist $r = -0,773 \pm 0,034$. Die Regressionsgleichung wäre $F = 74,1 - 5,81\ t$.

Beziehungen zum Jahresmittel der Temperatur

Mitunter wird in Betrachtungen über Klimaschwankungen mit den Jahresmitteln der Lufttemperatur operiert. Der Anteil festen oder flüssigen Niederschlags am Gesamtniederschlag ließe sich jedoch für den Sonnblick nur recht unsicher angeben, wenn bloß die Jahrestemperaturmittel bekannt wären. In diesem Falle beträgt der Korrelationskoeffizient nur $r = -0,429 \pm 0,163$.

Angenähert ist der Jahresanteil des festen Niederschlags bei einer Jahrestemperatur von — 5° C etwa 89%, bei — 6° 90% und bei — 7° 93%. Der Wert 100% dürfte erst bei einem Jahresmittel von — 11° C, also normal in rund 4000 m Höhe der Ostalpenländer erreicht werden. Die Ansicht in [4], daß schon ein Mittel von — 8° genügt, muß etwas revidiert werden. Abb. 2 gibt hierfür die nähere Begründung: Wohl paßt der Durchschnittspunkt des Sonnblickobservatoriums (Dreieck entsprechend — 5,8°, 89,7%) genau in die Publikation [4] entnommene Beziehungskurve a für die verschiedenen Höhen der Ostalpenländer, doch deuten die obere und die untere Einhüllende der Einzelwerte aus Tab. 1 (Kurvenstücke a_1 und a_2) eine Verflachung des obersten Verlaufs der Kurve a an, etwa entsprechend dem Teilstück a_3.

Es ist sicher eindrucksvoll, die Ostalpenkurve a mit den Niederungskurven b (Maritime Räume) und c (Kontinentale Räume) zu vergleichen (siehe auch die Legende zu Abb. 2). Wem ist bewußt, wie groß der Anteil des flüssigen Niederschlags — selbst in arktischen Räumen — ist? Er kann ein bis drei Viertel des gesamten Jahresniederschlags ausmachen.

Auch mit den 10% in den Hochlagen der Alpen wollen wir uns noch näher beschäftigen. Zuvor muß aber noch ein methodisches Kapitel eingeschaltet werden.

2. Zur Berechnung der wahren Tagesmengen des Niederschlags auf dem Sonnblick

Man kann annehmen, daß der Totalisator „Hoher Sonnblick" mit guter Annäherung die wahren Monatsmengen des Niederschlags auf dem Sonnblick erfaßt. Von den Tagesmengen, welche mit dem „Nordkübel" bzw. mit dem „Südkübel" gemessen werden, weiß man, daß sie wegen störender Windwirkungen jedenfalls zu niedrig sind. Mehrfach wurden schon Quotienten zwischen den Mengen im Totalisator (T) und denen im Nord-Ombrometer (N) bzw. im Süd-Ombrometer (S) berechnet: Das *Verhältnis S : N* war anfangs [8] 1,29, dann [9] 1,23, dann — auf Grund elfjähriger Vergleiche — in [10] 1,20. Der *Quotient T : N* war in [9] 1,69, in [10] 1,75, der *Quotient T : S* 1,37 bzw. 1,40.

Im Süd-Ombrometer wurde also durchschnittlich eine um 20% höhere Niederschlagsmenge aufgefangen wie im Nord-Ombrometer, der wahre Niederschlag wäre aber nach den Totalisatormessungen noch um rund 40% größer. Soweit war der Stand der Kenntnisse im Jahre 1960. Nunmehr bietet sich die Möglichkeit, die genannten Quotienten für die 25jährige Periode 1946—1970 neu zu berechnen, und überdies zu versuchen, **die für flüssige und für feste Niederschläge geltenden Quotienten getrennt herauszuanalysieren.** Die Windstörung dürfte bei Schneefall merklich größer sein als bei Regen, der mit einer Fallgeschwindigkeit bis zu 8 m/s herunterkommt.

In einem Monat mit einem Anteil von F% an festem Niederschlag wird z. B. der Quotient $Q = T : N$ sich aus den für flüssigen bzw. für festen Niederschlag geltenden Quotienten Q_1 und Q_2 nach der Mischungsgleichung, wie folgt, zusammensetzen:

$$Q = \frac{100-F}{100}Q_1 + \frac{F}{100}Q_2$$

Die Einzelwerte von Q sind aus den Monatswerten des Totalisators und des Nord-Ombrometers einfach zu berechnen, der Anteil des festen Niederschlags am Gesamtniederschlag des Monats ist bekannt (Tab. 1). Eine Regressionsgleichung $Q(F)$ braucht nur auf die Grenzwerte für $F = 0$ bzw. $F = 100$% extrapoliert zu werden, um Q_1 und Q_2 getrennt angeben zu können. Analog verfährt man mit den sich aus den Süd-Ombrometer-Messungen ergebenden Quotienten $Q = T : S$.

Tab. 3 enthält alle vorliegenden monatlichen Niederschlagshöhen des Nord-Ombrometers = N und des Süd-Ombrometers = S aus dem Zeitraum 1946—1970. Nach dem Zweiten Weltkrieg wurde der Süd-Ombrometer im Juni 1947 wieder in Betrieb genommen. In den Jahren 1952—1958 ergaben sich Ausfälle durch Bautätigkeit, insbesondere im Zuge der Errichtung der Materialseilbahn.

Tabelle 3. Monats- und Jahresmengen des Niederschlags in mm Wasserwert auf dem Sonnblick in den Jahren 1946—1970, gemessen mit den Tagesniederschlagsmessern: N = „Nord-Ombrometer" auf der Nordseite des Gipfelhauses, S = „Süd-Ombrometer" auf der Südseite des Hauses

		Jan.	Feb.	März	April	Mai	Juni	Juli	Aug.	Sept.	Okt.	Nov.	Dez.	Jahr
1946	N	66	160	22	18	68	205	154	140	48	86	98	26	1091
1947	N	27	23	98	56	44	81	128	42	66	22	135	117	839
	S	—	—	—	—	—	97	187	66	94	44	395	232	—
1948	N	128	191	84	75	53	177	113	106	50	89	34	57	1157
	S	224	335	136	140	98	360	201	212	57	85	86	60	1994
1949	N	180	54	102	61	88	36	97	124	55	37	84	100	1018
	S	193	62	161	121	138	52	107	142	54	41	95	109	1275
1950	N	119	91	59	102	29	65	129	127	66	42	102	108	1039
	S	149	97	52	106	24	66	141	176	122	70	148	111	1262
1951	N	270	141	171	136	53	92	77	76	71	19	256	61	1423
	S	327	156	161	97	52	93	82	82	80	20	265	62	1477
1952	N	136	137	198	43	136	135	93	125	176	169	163	148	1659
	S	148	140	246	53	142	159	114	159	—	—	139	163	—
1953	N	92	87	67	154	151	177	146	94	57	131	24	62	1242
	S	93	94	77	199	188	176	—	—	—	—	36	38	—
1954	N	167	83	81	126	195	157	183	98	124	123	84	192	1553
	S	300	23	86	260	232	156	257	—	—	146	109	223	—
1955	N	27	132	31	175	147	127	172	89	112	110	116	84	1322
	S	62	186	37	313	191	202	249	—	—	—	122	186	—
1956	N	50	28	79	242	131	178	92	150	66	183	84	48	1331
	S	124	29	141	271	184	230	159	—	—	—	—	—	—
1957	N	115	137	89	196	114	166	143	145	96	48	109	51	1409
1958	N	145	93	135	191	50	109	145	158	100	247	124	177	1674
	S	—	131	170	214	68	174	172	247	122	272	94	182	—
1959	N	93	26	64	188	100	146	109	98	17	119	83	177	1220
	S	98	44	85	189	137	417	171	206	19	61	47	206	1680
1960	N	139	127	128	227	86	132	143	121	163	209	137	134	1746
	S	131	123	245	353	129	189	236	169	145	134	132	72	2058
1961	N	70	222	129	157	276	94	159	98	39	74	97	108	1523
	S	57	142	116	141	251	158	236	173	67	66	63	160	1630
1962	N	158	166	128	151	390	196	110	124	78	76	152	125	1854
	S	161	148	135	306	594	243	183	151	130	71	100	121	2352
1963	N	71	40	106	67	163	132	118	147	100	37	173	27	1181
	S	62	46	158	86	196	151	159	152	112	67	120	34	1343
1964	N	29	74	81	159	109	107	75	75	73	238	119	106	1245
	S	25	99	80	175	175	115	131	136	112	209	176	58	1491
1965	N	96	88	104	142	123	76	122	140	200	1	103	127	1321
	S	226	78	131	285	156	124	213	196	153	1	113	175	1851
1966	N	91	91	161	87	152	107	180	321	32	123	177	164	1686
	S	83	126	188	148	260	195	239	393	82	67	118	246	2145
1967	N	38	51	208	176	114	89	96	141	124	48	132	74	1291
	S	110	92	280	254	132	150	126	185	133	131	128	151	1872
1968	N	136	57	86	79	97	124	98	179	98	35	181	63	1233
	S	221	62	154	116	135	143	210	350	210	115	117	127	1960

Tabelle 3 (Fortsetzung)

		Jan.	Feb.	März	April	Mai	Juni	Juli	Aug.	Sept.	Okt.	Nov.	Dez.	Jahr
1969	N	123	114	91	132	88	144	101	148	63	24	128	69	1225
	S	206	149	111	184	88	238	202	262	68	48	127	124	1807
1970	N	59	143	166	82	129	107	101	176	94	80	86	94	1317
	S	79	265	189	162	182	156	158	222	153	205	145	122	2038

Durchschnittswerte aus 1946—1970

		Jan.	Feb.	März	April	Mai	Juni	Juli	Aug.	Sept.	Okt.	Nov.	Dez.	Jahr
	F%					98	81	65	63	78	98			90
	T	253	220	230	253	230	246	266	255	166	154	194	233	2700
	N	105	102	107	129	123	126	123	129	87	95	119	100	1345
T:N		2,4	2,2	2,2	2,0	1,9	2,0	2,2	2,0	1,9	1,6	1,6	2,3	2,01

Durchschnittswerte für die Betriebsmonate des Süd-Ombrometers

		Jan.	Feb.	März	April	Mai	Juni	Juli	Aug.	Sept.	Okt.	Nov.	Dez.	Jahr
	T	262	210	235	264	241	243	266	241	163	137	201	249	2712
	S	147	119	142	190	170	176	179	194	101	98	131	135	1782
T:S		1,8	1,8	1,7	1,4	1,4	1,4	1,5	1,2	1,6	1,4	1,5	1,6	1,52

Der Quotient $T:N$ ist neuerdings mit 2,01 viel größer wie früher (1,75). Gleiches gilt für den Quotienten $T:S$: jetzt 1,52, früher 1,40. Das Verhältnis $S:N$ stieg weniger an: jetzt 1,32, früher 1,20. Im Vergleich der drei Meßgeräte untereinander gibt der Totalisator neuerdings relativ viel, der Nord-Ombrometer relativ wenig Niederschlag an.

Die aus $(N + S):2$ berechneten Tagesmengen sind im Durchschnitt der 25 Jahre 1946—1970 mit einem Faktor 1,76 zu multiplizieren, um dem Totalisator entsprechende „wahre" Werte zu erhalten.

Getrennt nach „Sommer" = Monate Mai bis Oktober und „Winter" = Monate November bis April erhält man die folgenden Quotienten:

	Mai bis Oktober	November bis April	Jahr
$T:N$	1,93	2,09	2,01
$T:S$	1,41	1,65	1,52
$T:(N/2 + S/2)$	1,67	1,87	1,76

Qualitativ stimmt das Zahlenbild: Im Sommer mit einem gewissen Anteil flüssigen Niederschlags sind die Korrektionsfaktoren geringer als im Winter, in dem — von etwas Graupeln abgesehen — praktisch nur Schnee fällt. Von Monat zu Monat sind jedoch die Relationen zwischen den mittels der drei verschiedenen Geräte erhaltenen Summen stark schwankend. Selbst nach Gruppenmittelbildung, wie in Tab. 4, zeigt sich noch kein klarer Gang der Quotienten $T:N$ bzw. $T:S$ in Abhängigkeit vom Anteil des festen Niederschlags $F\%$ am Monatsniederschlag.

Tabelle 4. Quotienten der Niederschlagssummen, gemessen mit dem Totalisator (T), mit dem Nord-Ombrometer (N) und mit dem Süd-Ombrometer (S), getrennt berechnet für Gruppen von Monaten mit bestimmten Anteil des festen Niederschlags ($F\%$) am Gesamtniederschlag

	Mai bis Oktober								Nov. bis April	Jahr
F% (Gruppenmittel)	36	46	55	64	74	84	95	100	100	100
Anzahl der Monate	5	9	14	20	14	29	23	36	150	186
$T:N$	1,76	2,05	1,75	2,07	1,94	2,02	1,97	1,86	2,09	2,06
F% (Gruppenmittel)	36	46	55	64	75	84	96	100	100	100
Anzahl der Monate	4	8	13	16	11	25	20	32	137	169
$T:S$	1,45	1,48	1,27	1,41	1,12	1,57	1,39	1,47	1,65	1,62

Die Korrelation zwischen den Gruppenmitteln des Anteils festen Niederschlags F und den Quotienten $T:N$ bzw. $T:S$ sind zwar positiv, aber recht unsicher. Man kann sie auf zweierlei Weise berechnen. Entweder für das Jahr, indem man für die Gruppe $F = 100$ alle 186 bzw. 169 Monate heranzieht, in denen nur Schnee, evtl. mit Graupeln, fiel. Oder man bestimmt sie für das Halbjahr Mai bis Oktober allein, also für jene Zeit, in der auf dem Sonnblick auch Niederschlag in flüssiger Form vorkommen kann. Man erhält folgende Werte:

Jahr: $T:N$: $r = + 0{,}529 \pm 0{,}255$, Regressionsgleichung $T/N = 1{,}748 + 0{,}297\ F/100$
       Quotient für Regen 1,75, Quotient für Schnee 2,04.
    $T:S$: $r = + 0{,}215 \pm 0{,}337$, Regressionsgleichung $T/S = 1{,}310 + 0{,}148\ F/100$
       Quotient für Regen 1,31, Quotient für Schnee 1,46.

Sommer: $T:N$: $r = + 0{,}248 \pm 0{,}332$, Regressionsgleichung $T/N = 1{,}837 + 0{,}135\ F/100$
       Quotient für Regen 1,84, Quotient für Schnee 1,97.
    $T:S$: $r = + 0{,}048 \pm 0{,}353$, Regressionsgleichung $T/S = 1{,}380 + 0{,}029\ F/100$
       Quotient für Regen 1,38, Quotient für Schnee 1,41.

Der Wind ist nach [1] im Winterhalbjahr um fast ein Viertel stärker als im Sommerhalbjahr. Es empfiehlt sich daher, zur Berechnung der wahren Regenmengen auf dem Sonnblick die Quotienten aus jener Zeitspanne zu verwenden, in der tatsächlich Regen fällt, also im „Sommer" = Mai bis Oktober. Somit kommen etwa folgende Umrechnungsfaktoren zur Reduktion auf Totalisatorenwerte in Betracht:

Falls nur der Nord-Ombrometer in Betrieb stand: November bis April 2,09, Mai bis Oktober für Schnee 1,97, für Schnee-Regen-Gemisch 1,90, für Regen 1,84.

Falls die Tagesmengen aus dem Mittel von Nord- und Süd-Ombrometer berechnet wurden: November bis April 1,87, Mai bis Oktober für Schnee 1,69, für Schnee-Regen-Gemisch 1,65, für Regen 1,61. Diese Werte werden bei Beimischung von körnigem Niederschlag nicht geändert.

3. Regentage auf dem Sonnblick

Für jeden der 901 Tage mit flüssigem oder gemischtem Niederschlag auf dem Sonnblick in den 25 Jahren 1946—1970 wurde mittels der genannten Korrekturfaktoren der „wahre" Tagesniederschlag errechnet. Auf ein Durchschnittsjahr entfallen 36 Tage mit flüssigem Niederschlag, u. zw. (siehe Tab. 5) 12,4 mit nur Regen, 3,2 mit Regen und körnigem Niederschlag (Graupeln oder Hagel), sowie 20,4 mit Schnee (allenfalls auch Graupeln oder Hagel) und Regen. Juli und August haben durchschnittlich etwa gleich viele Tage mit flüssigem Niederschlag, die Tage mit körnigem Niederschlag erreichen allerdings ihr Maximum eindeutig im Juli.

Die meisten Tage mit flüssigem Niederschlag gab es im Jahre 1955, nämlich 51, hauptsächlich verursacht durch eine maximale Zahl von Tagen mit Schnee-Regen, nämlich 39. Die meisten Regentage kamen 1959 vor. Sowohl die Gesamtzahl (21) als auch die Zahl für den Juli (14) sind für dieses Jahr Höchstwerte. Tage mit Regen und körnigem Niederschlag hatten ihr Maximum im Jahre 1967 mit 15, wieder mit der Höchstzahl des Monats Juli, nämlich 9.

1965 gab es nur 2 Tage mit reinem Regenniederschlag, davon je einen im Juni und Juli. Die wenigsten Tage mit flüssigem Niederschlag überhaupt (22) wies jedoch das Jahr 1948 auf.

Die durchschnittlichen Niederschlagssummen sind gleichfalls Tab. 5 zu entnehmen: Regen 100,4, Regen und körniger Niederschlag 52,8 und Schnee-Regen 302,1 mm Wasserwert im Normaljahr. Der gesamte flüssige Niederschlag ergibt sich daraus nach gewohnter Berechnungsart zu durchschnittlich 277,8 mm. Dieser Jahreswert und auch die Werte der einzelnen Monate mit einem Maximum von 94,1 mm im August stehen in bester Übereinstimmung mit den analogen Werten in Tab. 3 aus [3].

Tabelle 5. Durchschnittliche und extreme Werte von Niederschlägen (mm) auf dem Sonnblick im Zeitraum 1946—1970

R = Regen, G = Graupeln (evtl. auch Hagel), S = Schnee (evtl. auch körniger Niederschlag), Fl = Flüssiger Niederschlag (= R + RG/2 + RS/2), D = Durchschnitt, Max = Höchstwert

Monat	D-Tage mit ...				D-Monatssummen			
	R	RG	RS	Fl	R	RG	RS	Fl
Mai	0,1	0,1	0,4	0,6	0,4	0,4	7,4	4,3
Juni	2,1	0,2	4,3	6,6	18,8	2,7	59,7	50,0
Juli	4,0	**1,8**	5,4	**11,2**	33,3	**28,4**	85,7	90,3
August	**4,3**	0,9	**5,9**	11,1	**42,5**	19,0	84,1	**94,1**
September	1,6	0,2	4,0	5,8	4,6	2,0	58,9	35,0
Oktober	0,3	0,0	0,4	0,7	0,8	0,3	6,3	4,1
Summe	12,4	3,2	20,4	36,0	100,4	52,8	302,1	277,8

Monat	Max-Tage mit ...				Max-Monatssummen			
	R	RG	RS	Fl	R	RG	RS	Fl
Mai	2	1	3	3	8,9	5,8	71,4	35,7
Juni	7	2	**15**	**19**	103,4	27,0	155,3	158,7
Juli	**14**	**9**	12	**19**	103,8	**123,4**	160,5	179,2
August	9	5	14	16	**114,0**	117,9	175,7	**189,6**
September	5	1	9	12	32,9	15,2	**180,5**	97,1
Oktober	2	1	4	4	10,8	7,7	79,1	39,6
Summe	21	15	39	51	221,7	227,9	533,8	416,9

Größte Tageswerte

Monat	D-monatliche Max.[1]			Absolute Max.		
	R	RG	RS	R	RG	RS
Mai	7,4	5,2	23,6	7,4	5,8	48,0
Juni	15,3	15,1	30,6	**51,5**	27,0	75,6
Juli	17,4	22,9	**33,6**	46,7	49,0	60,5
August	**19,6**	**29,2**	29,7	41,3	**69,6**	**97,6**
September	10,0	8,2	29,8	26,3	15,2	60,5
Oktober	4,1	7,7	21,2	8,7	7,7	51,0

[1] Nur aus den Monaten mit tatsächlichem Vorkommen gemittelt.

Die mittlere Niederschlagshöhe pro Niederschlagsjahr beträgt für Regen 8,1 mm (100,4 : 12,4), für Regen mit Hagel oder Graupeln 16,5, für Schnee-Regen 14,8 mm/Tag. Die durchschnittlich in einem Monat zu erwartenden höchsten Tagesmengen können Tab. 5 entnommen werden: Mit rund 20 bis 30 mm an einem Tag muß man im Sommer rechnen.

Am meisten werden die absoluten Extreme der Tagesniederschläge interessieren: Am 12. Juni 1957 kam bei einer Troglage auf dem Sonnblick eine Regenmenge von 51,5 mm herunter, am 15. August 1962 bei Tief über den Britischen Inseln eine Menge von Regen und Eisregen entsprechend einem Wasserwert von 69,6 mm, für den 17. August 1966 errechnet sich sogar ein Wasserwert von 97,6 mm aus Regen, Eisregen und Schnee. An diesem und dem folgenden Tage mit 52,7 mm Regen und Grieseln war ein Tief südlich der Alpen wetterbestimmend.

Die Zahlen der Tab. 5 stimmen im wesentlichen recht gut mit den Zahlen der in [3] publizierten Tab. 3 überein. Eine völlige Übereinstimmung ist gar nicht möglich, da hier die Einzelwerte der Tagesniederschlagsmesser mehr zum Ausdruck kommen, in [3] aber mehr die Einzelwerte des Totalisators. Nur auf die mittlere Relation zwischen den beiden Meßmethoden ist mathematisch Bedacht genommen worden, die Einzelwerte sind bei allen Methoden mit Fehlern behaftet.

4. Wetterlagen mit flüssigem Niederschlag auf dem Sonnblick

Eine vorläufige Analyse der Wetterlagen erbrachte folgende prozentuale Aufteilung:
Trog (TR) 20%,
Tief über den Britischen Inseln (TB) 15%,
Westwetter (W) 13%,
Tief über Mitteleuropa (TM) 9%,
Schwacher Hochdruck (h) 9%, (Übergangslage),
Nordwestwetter (NW) 8%,
Hochdruck 6%, lokale Gewitter,
Tief südlich der Alpen (TS) 5%,
Tief über westlichem Mittelmeer (TwM) 5%,
Zonale Hochdruckbrücke (Hz) 3% (Übergang zu TR),
Hoch im Osten (He) 3% (Übergang zu TR),
Tief am Alpenostrand (Vb) 2%,
Südwestwetter (SW) 2%.

Die restlichen Wetterlagen (Hoch über Fennoskandien = HF, Nordströmungslage = N und Südströmungslage = S) waren am Vorkommen flüssigen Niederschlags auf dem Sonnblick im wesentlichen unbeteiligt.

Vor — mitunter heftigem — Regen ist man also auch im Hochgebirge nicht sicher, vor allem im Juli und August, in geringerem Maße auch in den Randmonaten des Sommers. Die früheste Notiz von Regen auf dem Sonnblick aus den Jahren 1946—1970 liegt vom 6. Mai 1966 vor. (Bei TR gab es aus Regen und Schnee eine Tagesmenge von 48,0 mm Wasserwert.) Der späteste Fall vom 25. Oktober 1949 erbrachte allerdings nur 0,2 mm Nieseln. Doch kann es auch im Oktober noch erhebliche Mengen Mischniederschlags geben, wie der Wert von 51,0 mm am 16. Oktober 1953 bei TS zeigt.

* * *

Ein Regenschirm auf dem Gletscher wird wegen des Windes nicht viel nützen. Es stimmt aber doch etwas nachdenklich, daß der alte Typ von Bergführern manchmal einen Schirm im Rucksack mitführte. Schon ein Tief über den Britischen Inseln ist ein Signal dafür, daß man unter Umständen auch bei einer Hochtour in einen argen Guß kommen kann.

Regen in den Zonen ewigen Eises, Regen in den Regionen ewigen Schnees; beides muß im Naturbild unserer Erde berücksichtigt werden.

Literatur

[1] Steinhauser, F.: Die Meteorologie des Sonnblicks, 180 S., Wien 1938.
[2] Lauscher, Adele u. F.: Wie groß ist der Anteil körnigen Niederschlags am Mischniederschlag? Wetter und Leben **26**, 18−20 (1974).
[3] Lauscher, Adele u. F.: Der Aufbau und Abbau der Schneedecke auf dem Sonnblick im Wechselspiel der Wetterlagen. 68.−69. Jahresber. d. Sonnblick-Vereins f. d. Jahre 1970−1971, S. 3−30 (1973).
[4] Lauscher, F.: Klimatologische Probleme des festen Niederschlags, Arch. Met. Geoph. Biokl. Ser. B, **6**, 60−65 (1954).
[5] Gangl, G., G. Skoda und F. J. Wallner: Verhalten und Eisvolumen der Pasterze (Glocknergruppe) in Beziehung zu den klimatischen Bedingungen, Polarforschung **43**, 1−9 (1973).
[6] Lauscher, F.: Hagel im Lande Salzburg (Klimatologische Methodik, Seehöhenabhängigkeit körnigen Niederschlags), Wetter und Leben **25**, 234−239 (1973).
[7] Souczek, Ines: Gesetze und Verteilung des festen Niederschlags auf den Kontinenten der Nordhalbkugel. Dissertation Universität Wien, 1959.
[8] Steinhauser, F.: Ergebnisse neuerer Beobachtungen über die Niederschlagsverhältnisse im Sonnblickgebiet. 41. Jahresber. d. Sonnblick-Vereines f. d. Jahr 1932, S. 18−31, Wien 1933.
[9] Steinhauser, F.: Über die Struktur des Jahrganges der Niederschläge am Zentralalpenkamm. Wetter und Leben **2**, 1−4 (1949).
[10] Lauscher, F.: Die Totalisatorennetze Österreichs. 54.−57. Jahresber. d. Sonnblick-Vereines f. d. Jahre 1956−1959, S. 3−19, Wien 1961.

Der Zustand von Gletschern im Großglockner- und Sonnblickgebiet am Ende des Eishaushaltsjahres 1972/73

Von HANNS TOLLNER, Salzburg

Mit 4 Abbildungen

Zusammenfassung

In der Großglocknergruppe und im Gebiet des Rauriser Sonnblicks verlief das „Glazialjahr" 1972/73 („Hydrologisches Jahr" vom 1. Oktober 1972 bis 30. September 1973) stark eisabträglich. Die vereisten Areale des Hochgebirges verhielten sich untereinander durchaus nicht völlig gleich. Ein Gletscher rückte um 1,5 m vor, alle anderen untersuchten Gletscher wichen um 1,6 bis 9,3 m zurück. Auf den Firnfeldern sank die Oberfläche im Ablauf des Eishaushaltsjahres 1972/73 um bis 3,22 m ein. Die schneeigen Ablagerungen nach Oktober 1972 (Jahresfirnrücklage auf den Nährflächen der Gletscher) verschwanden im September 1973 bis in Höhen von über 3000 m fast völlig. In größeren Höhen der Firngebiete gelangte die Akkumulation 1971/72 an die Oberfläche, in geringeren Höhen erschienen zum Teil auch noch ältere.

Für den Eishaushalt der Gletscher erwiesen sich der ansehnlich unternormale Niederschlag im hydrologischen Jahr 1972/73 (Defizit bis zu 30 Prozent des langjährigen Jahresdurchschnitts) und der warme strahlungsreiche Sommer 1973 mit nur sehr geringer Häufigkeit festen Niederschlages als äußerst ungünstig.

Die Gletscher büßten in unterschiedlichem Maße ausnahmslos an Substanz ein. Sie boten zum Vorteil der Speicheranlagen von hochalpinen Kraftwerken eine beträchtliche „Gletscherspende".

1. Witterungsverhältnisse im Eishaushaltsjahr 1972/73

Oktober 1972. Bis Monatsmitte milder Altweibersommer, dann Winteranbruch. Vor Monatsende starker Wärmerückfall. Der Monat war bis zu 20 Prozent übernormal strahlungsreich, aber um 1,0 bis 2,7° zu kalt und zum Teil etwas zu niederschlagsreich.

November 1972. Temperatur und Sonnenscheindauer ungefähr normal. Niederschlag unter dem langjährigen Durchschnitt. Bildung einer Schneedecke in 2000 m bis 80 cm, in 2900 m bis 130 cm. Bis 11. mild, dann Temperatursturz und weiter wechselhaft.

Dezember 1972. In größeren Höhen um bis 3,3° zu mild. Niederschlagsarm. Defizit bis zu 90 Prozent der Normalmenge. Sonnenscheindauer bis zu 30 Prozent überdurchschnittlich. In 2000 m Erniedrigung der Maximalhöhe der Schneedecke von 80 auf 70 cm. In 2900 m Zunahme der Schneedeckenhöhe bis auf 180 cm.

Jänner 1973. Um 1,0 bis 2,3° zu mild. Sonnenscheindauer ungefähr normal. Niederschlag zwischen 40 und 70 Prozent unternormal. In 2000 m Erhöhung der Schneedecke bis etwas über 100 cm und in 3000 m bis auf 200 cm.

Februar 1973. Sonnenarm und um 1,0 bis 3,6° zu kalt. Niederschlag zwischen 20 und 50 Prozent unter dem Regelwert. Erste Monatsdekade sehr mild. Höhe der Schneedecke in 2000 m maximal 150 cm und in 3000 m 220 cm.

März 1973. Um 1,1 bis 3,5° zu kalt. Sonnenscheindauer um das Durchschnittsausmaß. Niederschlag außerordentlich unterschiedlich. Monatsmenge zwischen 40 und 100 Prozent. Maximale Höhe der Schneedecke wenig vom Vormonat verschieden.

April 1973. Stark unternormal sonnig und um 2,7 bis 4,4° zu kalt. Niederschlag zwischen 73 und 100 Prozent des Durchschnittes. Niederschlag bis Monatsmitte auch noch in Tallagen als Schnee fallend.

Mai 1973. Sehr sonnig und geringfügig zu warm. Ungefähr normale Niederschlagsmengen. Erste Pentade trocken und frühsommerlich warm. Letzte Pentade kräftige Erwärmung in allen Höhen. Maximale Schneehöhe in 2900 m 360 cm.

Juni 1973. Ungefähr normal sonnig und normal warm. Niederschlag bis zu 20 Prozent überdurchschnittlich. Abnahme der Schneedeckenhöhe in 2900 m von 220 auf 170 cm. In 3100 m 10 Tage mit Schneefall und 5 Tage mit Schnee und Regen gemischt.

Juli 1973. Zwischen 0,6 und 1,1° zu kühl. Sonnenscheindauer etwas unternormal. Niederschlag bis zu 35 Prozent unternormal. In 2900 m Abnahme der Schneedecke von 170 auf 100 cm. In 3100 m 10 Tage mit festem Niederschlag und 3 Tage mit Regen und Schnee gemischt.

August 1973. Sonnenscheindauer stark überdurchschnittlich. Um 1,4 bis 2,4° zu warm. Niederschlagsdefizit bis zu 62 Prozent. Erniedrigung der Schneedecke in 2900 m von 100 auf 0 cm. Nur 3 Tage mit Schneefall in 3100 m.

September 1973. Um 0,3 bis 1,9° zu warm. Niederschlag bis über 50 Prozent unter der langjährigen Regelmenge. Sonnenscheindauer stark übernormal. Vom 1. bis 9. herrschte unter dem Einfluß eines kräftigen Hochs extrem warmes und sonniges Wetter, wie dies seit September 1962 nicht mehr der Fall war. Um den 24. und 25. herum fiel Schnee bis auf 1000 m herab. Nur 5 Tage mit Schneefall in 3100 m. Bis 23. in 2900 m kein Schnee aus der Ablagerungszeit ab Oktober 1972.

2. Schwarzköpflkees

Das stark zerlappte Zungenende des Schwarzköpflkeeses verlagerte sich von 1972 auf 1973 geringer zurück als von 1971 auf 1972. Die Vorlandsmarken ließen am 14. August 1973 bei einem mittleren Zungenrückgang von 2,7 m folgende Einzelwerte erkennen: + 5,0 m (Vorstoß einwandfrei), die Überlagerung der Zungenfläche mit Lawinenschnee und gekalbtem Eis verhinderte die Vertikalablation, so daß das Eisfließen sich als schwaches Vorrücken auswirken konnte, — 0,7 m, — 2,6 m, — 3,1 m, — 4,9 m, — 9,1 m und — 0,7 m. Das Eis im untersten Zungenbereich dieses Gletschers erschien fast überall nur noch sehr dünn.

Die Eisverbindung zwischen dem oben befindlichen westlichen Bärenkopfkees und dem darunterliegenden Schwarzköpflkees, die sich in den letzten 15 Jahren verbreitert hatte, ließ von 1972 auf 1973 keine deutliche Änderung in ihrer Breite erkennen. Im Gegensatz zum Vorjahr gab es auf der Zungenfläche wenig gekalbtes Eis vom Steilabbruch zwischen dem westlichen Bärenkopfkees und dem Schwarzköpflkees. Die Firngrenze befand sich in einer Höhe zwischen 2850 und 2900 m. Beurteilt nach der Arealabnahme des Gletschers, dem Einsinken großer Teile des Zungengebietes und der relativ hohen Firngrenze hatte das Schwarzköpflkees von 1972 auf 1973 ohne Zweifel an Substanz von altersher verloren.

3. Klockerinkees

Am 14. August 1973 befanden sich mit einer Ausnahme die Vorlandsmarken unter einer mächtigen, stark verfestigten Auflage von gekalbtem Eis und Lawinenschnee. Bei der einen nicht bedeckten Marke wurde ein Zungenrückgang von 2,4 m festgestellt. Das Gemisch von Lawinenschnee und gekalbtem Eis reichte in der Furche des Gletscherbaches bis 20 m unter das eigentliche Zungenende hinunter. Die Firngrenze — stark in ihrer Höhe schwankend — lag in einer Höhe zwischen 2800 und 2850 m. Das Klockerinkees dürfte von 1972 auf 1973 mäßig an Substanz verloren haben.

4. Karlingerkees

Im Jahre 1955 aperte beim untersten Steilabfall der felsige Untergrund aus und trennte den oberen Gletscherkörper völlig vom tiefer befindlichem Eis des Zungenendes, das auf der fast ebenen Fläche des obersten Kapruner Talschusses als Eisschild verblieb. Das ohne Verbindung mit oben stehende Resteis im Talschluß vermochte sich in der Folgezeit vor allem in den letzten Jahren durch Eiskalbungen vom neuen oberen Zungenende her und durch Lawinenschnee nicht nur zähe zu erhalten, sondern sich sogar noch etwas zu vergrößern. Ab 1967 begann an der Westseite des oberen Gletscherendes etwas Eis herabzuziehen und sich in einer zunächst schmalen Eisrinne, die sich in der Folgezeit verbreiterte, wieder mit dem Resteis unten zu verbinden. Der Rest des alten Zungeneises nahm allmählich sich versteilend und nach vorn rückend durch vorherrschend gekalbtes Eis von oben her die Form einer steilen Kegelfläche an.

Von 1972 auf 1973 rückte der Eiskegel an zwei Stellen um 6,3 und 4,7 m vor und an einer Stelle um 4,6 m zurück. (Mittlere Lageänderung 2,1 m nach vorne.) Am 14. August 1973 war die in den letzten Jahren eingetretene Eisverbindung zwischen dem neuen Zungenende und dem Eisschild unten wieder durchbrochen. Am Meßtag traten innerhalb von zwei Stunden zwei mächtige Eiskalbungen auf. Die Firngrenze wurde in ca. 2650 m Höhe beobachtet. Schmale Firnzungen reichten noch bis 2500 m herab.

Das Törlkees, das vom Karlingerkees in die Wintergasse zieht, behielt die zwei schmalen Eisverbindungen über die felsige Steilstufe hinunter bei. In der Wintergasse wurde der Hang des Kleinen Eisers schneefrei. Auf der gegenüberliegenden Seite vermochte sich der Altschnee zu erhalten. Das Kapruner Törl wurde bereits schneefrei angetroffen. In den früheren Jahren war dies nicht immer der Fall.

5. Grießkoglkees

Das Grießkoglkees rückte 1973 ebenso wie 1972 geringfügig vor. 6 Marken im Gletschervorland ergaben ein mittleres Vorrücken von 1,5 m. Es sei bemerkt, daß alle Messungen einwandfrei vorgenommen werden konnten. Die Verlagerungsgrößen waren: 3,5 m, 4,1 m, 0,3 m, — 2,8 m, — 0,9 m und 2,1 m. Das Zungenende erschien 1973 ebenso wie im Vorjahr in gleicher Weise zerfranst. Während 1972 unterhalb des Gletscherendes noch mehrere Altschneezungen weiter in die Tiefe zogen, gab es am 18. August 1973 nur einige wenige in Gräben und Mulden. Die Firngrenze befand sich zwischen 2750 und 2800 m. Das Grießkoglkees dürfte wahrscheinlich keinen Massenzuwachs erzielt haben.

6. Eiserkees

Das Areal des Eiserkeeses war am 18. August 1973 noch immer größer als 1955. Ein Teil der 1955 gesetzten Vorlandsmarken befand sich 1973 noch immer unter Zungeneis. Aus drei Messungen wurde ein mittleres Rückweichen seit dem Vorjahr von 1,6 m festgestellt. Die Einzelbeträge waren — 1,1 m, — 0,8 m und — 3,0 m. (Im Vorjahr gab es ein Zungenvorrücken im Mittel von 2,7 m innerhalb der vorangegangenen 12 Monate.) In Gräben und Mulden blieben ebenso wie im Vorjahr mehrere weit herabreichende Altschneeansammlungen erhalten. Die Firngrenze wurde in 2600 bis 2650 m Höhe erkannt. Für das Eiserkees ist eine geringe negative Jahreseisbilanz 1972/73 anzunehmen.

7. Wasserfallwinklkees

Am 27. August 1973 war der Gletscher gegenüber 1972 (also innerhalb von zwei Jahren) um folgende Beträge zurückgewichen: 1,8 m, 2,2 m 1,9 m, 2,5 m, 1,3 m und 1,8 m. (Mittleres Zungenrückweichen von 1971 auf 1973 1,9 m.) Drei Seitenmarken ließen auf ein Einsinken der Gletscherzunge im Randbereich von 0,4 m schließen. Die Firngrenze befand sich in 2700 bis 2750 m Höhe. Die Eissubstanz des Gletschers dürfte von 1972 auf 1973 geringfügig abgenommen haben.

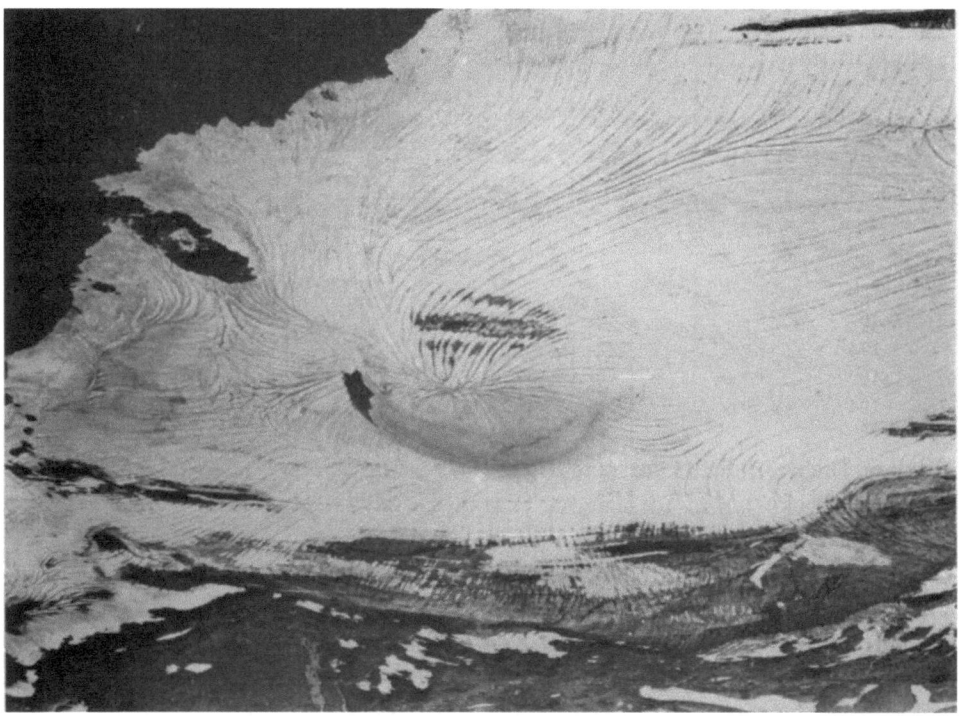

Abb. 1. Schmelzwasser-Rinnen auf dem Maurerkees. Aufnahme am 13. August 1973. Foto Tollner.

Im Vorjahr 1972 deuteten drei Marken eine mittlere Vorwärtsbewegung von 9,9 m gegenüber 1971 an. Weitere Marken wurden 1972 wegen einer Auflage von Altschnee nicht aufgefunden.

8. Pasterze

Die Pasterze wich nach Messungen von H. Wakonig, Graz, von 1972 auf 1973 im Durchschnitt um 8,6 m zurück. Von 1971 auf 1972 hatte die Zungenverkürzung 13,7 m betragen. Der Jahreseisverlust 1972/73 der Pasterzenzunge (Zehrfläche des Gletschers) wurde mit 10,06 Millionen Kubikmetern, ist gleich 9,06 Millionen Kubikmeter Wasser, bei einer Dichte von 0,9 bei der Kubaturumwandlung von Zungeneis in Wasser angenommen. Die Eisdichte des Zungeneises von 0,9 dürfte jedoch wegen der zahlreichen Spalten an der Gletscheroberfläche etwas zu hoch angenommen worden sein.

Auf dem Obersten Pasterzenboden, dem Nährraum des Gletschers, ergab in einer Seehöhe von 3150 m ein Firnschneeprofil mit einer Mächtigkeit der Jahresfirnrücklage 1972/73 von 194 cm einen Dichtewert von 0,63. (Mittlere Dichte im Vorjahr aus drei Messungen 0,57.) Vor einigen Jahren gab es eine Abwärtsbewegung des Firnes der Gletscheroberfläche zwischen 15,6 und 24,9 m pro Jahr. Wegen schlechter Sicht konnten 1973 keine diesbezüglichen geodätischen Feinmessungen vorgenommen werden.

Im Vorjahr betrug die Mächtigkeit der Jahresfirnrücklage bei den drei Profilen 3,2, 3,5 und 3,3 m. Am 27. August 1973 war die Höhe der Jahresfirnrücklage 1972/73 nur 1,94 m. An 21 untersuchten Spalten in verschiedenen Teilen des Obersten Pasterzenbodens wurde gewissermaßen repräsentativ für den Gesamtbereich des Pasterzenfirnfeldes eine mittlere Höhe der Jahresfirnrücklage 1972/73 von 1,1 m ermittelt. Im Eishaushaltsjahr 1972/73 ließ also die Ernährung der Pasterze stark zu wünschen übrig.

Die wenig dicke Jahresfirnrücklage 1972/73 besaß eine bedeutend größere Dichte als jene des Vorjahres mit weitaus größerer Mächtigkeit. Eine Firnschicht von 39 cm Dicke erreichte eine Dichte von 0,70. Einzelheiten bietet die Tab. 1.

Tabelle 1. Firnschneeprofil (Jahresfirnrücklage 1972/73) auf dem Obersten Pasterzenboden am 27. August 1973 in 3150 m Höhe

Tiefe des Profiles in cm	Abgestochene Einzelschicht in cm	Dichte der einzelnen Schichten
37	37	0,56
68	31	0,69
107	39	0,70
134	27	0,64
169	35	0,62
194	25	0,55

Mittlere Dichte der 194 cm mächtigen Jahresfirnrücklage 1972/73 **0,63**. Die Dichte der Firnschneedecke nahm in tieferen Schichten nach unten zu ab, was als Normalerscheinung zu betrachten ist [1].

Unter Berücksichtigung des Massenschwundes im Zungengebiet und der unternormalen Höhe der Jahresfirnrücklage 1972/73 dürfte die Bilanz des Eishaushaltsjahres 1972/73 beträchtlich negativ ausgefallen sein[1]. Die Pasterze hatte also zum Vorteil von hochalpinen Wasserspeichern eine ansehnliche „Gletscherspende" geboten.

Trotz recht beträchtlich unternormalen Niederschlages im Glazialjahr 1972/73 erzielten die Speicheranlagen der Tauernkraftwerke A.G weitaus höhere Wasserzuflüsse als in den letzten Jahren. Der niederschlagsarme, warme und strahlungsreiche Sommer 1973 begünstigte eine starke Ablation in allen Höhen der vergletscherten Areale. Im Niveau von 3100 m erreichte die Zahl der Tage mit festem Niederschlag im Sommer nicht einmal die Hälfte der Durchschnittshäufigkeit. Die Folge davon war komplexer Natur. Wegen der geringen Anzahl fester Sommerniederschläge in der Nivalregion kam es zu einer starken Verschmutzung der Firn- und Eisflächen und damit zu einem gesteigerten Ausmaß der Ablation.

Die alpinen Speicher mit wenig vergletscherten Einzugsräumen verzeichneten im hydrologischen Jahr 1972/73 wegen der unterdurchschnittlichen Menge des Niederschlages geringen Wasserzufluß. Die Staubecken aber, deren Einzugsgebiet reichlich vergletschert ist, nahmen trotz Niederschlagsarmut hohe Wasserzuflüsse ein. Dieser Umstand beleuchtet eindringlich den Wert hochalpiner Speicheranlagen in vergletscherten Gebieten der Alpen. Während in warmen, trockenen Sommern die Tieflagen nur eine geringe Wasserführung aufweisen, bieten die vergletscherten Flächen des Hochgebirges eine

---

[1] Unter Berücksichtigung von Niederschlag, Höhe und Wasserwert der Jahresfirnrücklage, Massenverlust auf der Zungenfläche und Abfluß von Substanz vom Nähr- in das Zehrgebiet wird versucht, an anderer Stelle eine genauere Jahreseisbilanz 1972/73 des Gesamteiskörpers der Pasterze zu gewinnen.

reichliche Gletscherspende, reichlich Schmelzwasser für die auf Wassernutzung beruhenden Stauanlagen der hochalpinen Kraftwerke. Das Wasserdargebot des vergletscherten Hochgebirges ist in sehr warmen und trockenen Sommern in der Regel wesentlich größer als in kühlen und niederschlagsreichen Bergsommern [2, 3].

Tabelle 2. Wasserzufluß der Möll (Abfluß der Pasterze) in den Speicher Margaritze im hydrologischen Jahr 1972/73 in Prozenten langjährigen Durchschnittes

	Jän.	Feb.	März	Apr.	Mai	Juni	Juli	Aug.	Sept.	Okt.	Nov.	Dez.
%	39,4	71,0	75,7	95,0	199,0	157,0	42,2	123,5	102,2	84,6	102,6	106,6

Wasserdargebot der Pasterze einschließlich der Nebengletscher zwischen 1. Oktober 1972 und 30. September 1973 95,5 Prozent des langjährigen Mittels.

Der Zufluß in den Mooserbodenspeicher erreichte einen Wert von 107,6 Prozent. Eine derart hohe Wassermenge gab es bereits mehr als 10 Jahre nicht. Das Staubecken Wasserfallboden erlitt wegen seines nur gering vergletscherten Einzugsgebietes durch die Trockenheit des hydrologischen Jahres 1972/73 ein Zuflußdefizit von 36,7 Prozent des langjährigen Durchschnittes. Der Leiterbach, der in früheren Jahren immer relativ viel Wasser führte, lieferte nur 89 Prozent der Normalwassermenge.

9. Schmiedingerkees

Auf dem Schmiedingerkees des Kitzsteinhorns wurde am 13. August 1973 versucht, im obersten Bereich des Firnfeldes die Auswirkung menschlicher Tätigkeit (Schifahren auf Pisten, Einsatz von Pistenfahrzeugen usw.) auf die Gletscherfläche festzustellen. Mitte August 1973 gab es auf dem Gletscher oberhalb von 2850 m noch eine unterschiedlich mächtige, meist aber bereits nur noch gering dicke Firnschneedecke aus der Ablagerungszeit ab Oktobermitte 1972. (Im September war die Jahresfirnrücklage 1972/73 bis auf wenige Einzelflecken zur Gänze verschwunden.)

Auf einer nur wenig von Schifahrern benützten Gletscherfläche nahe dem Magnetköpfl in 2900 m Höhe ergab sich für die Jahresfirnrücklage 1972/73 von 207 cm Mächtigkeit eine mittlere Dichte von 0,59. Völlig unbefahrene Teile des Gletschers waren, abgesehen von der Spaltenzone im Osten, offensichtlich nicht mehr vorhanden. Näheren Aufschluß über die Dichte in verschiedenen Tiefen dieses Firnprofiles gewährt die Tab. 3. Bemerkenswert war wieder die Dichteabnahme in tieferen Schichten nach unten.

Tabelle 3. Firnschneeprofil (Jahresfirnrücklage 1972/73) auf dem Schmiedingerkees am 13. August 1973 in 2910 m Höhe

Tiefe des Profils in cm	Abgestochene Einzelschicht in cm	Dichte der einzelnen Schichten
25	25	0,53
45	20	0,60
70	25	0,57
95	25	0,57
110	15	0,56
116	6	0,80
139	23	0,68
165	26	0,64
185	20	0,59
207	22	0,50
	Mittlere Dichte:	0,59

Auf einer zwar begangenen Fläche, aber abseits der Piste in 2905 m Höhe, wurde für eine 150 cm dicke Jahresfirnrücklage 1972/73 ebenfalls eine mittlere Dichte von 0,60 festgestellt.

Auf der Schipiste in 2930 m Höhe ergab sich für die Jahresfirnschneedecke von 101 cm Mächtigkeit eine Durchschnittsdichte von 0,63. In 2885 m Höhe besaß sie eine Dichte von 0,64. Die menschliche Einwirkung auf der Piste führte demnach zu einer

Abb. 2. Schmiedingerkees auf dem Kitzsteinhorn. Der Gletscher besitzt nur noch kleine Firnschneereste. Aufnahme von W. Zabel (Werkfoto der Tauernkraftwerke A.G.) am 7. September 1973.

stärkeren Verdichtung der Jahresfirnrücklage 1972/73 gegenüber den weniger beeinflußten Teilen der Gletscheroberfläche.

Bereits im Frühsommer begann die Oberfläche des Schmiedingerkeeses besonders entlang der Lifttrassen durch schwarze, rußartige Körnchen und fetthaltige Rückstände stark zu verschmutzen. Die Schi mußten in mehr oder minder regelmäßigen Abständen von fettigen Stoffen gereinigt werden. Auch die Kleidung verschmutzte von derartigen Rückständen. An der Baustelle „Alpincenter" gab es besonders viele Rückstände von Baumaschinen. Die Laufläche der Schi brachten offensichtlich diese ölige Verschmutzung in die Höhe. Einen besonders starken Verschmutzungsgrad wiesen die Einstiegstellen der Schlepplifte auf. In den vier, früher besprochenen Firnschneeprofilen, wurden in einer Tiefe von 25 cm starke Schmutzrückstände festgestellt. Ende Juli wurde die Gletscheroberfläche in hohen Lagen durch einen ungefähr 50 cm dicken Neuschnee bedeckt. Mit dem starken Abschmelzvorgang ab 3. August kam die verschmutzte Firnschneedecke rasch zum Vorschein.

Benachbarte Gletscherflächen auf denen kein Schisport erfolgte, besaßen deutlich eine geringere Verschmutzung als jene menschlich beeinflußten. Abgesehen von der Verdichtung der Schneedecke durch Fahrzeuge und Schifahrer führt also der Schitourismus zu stärkerer Ablation und damit zu einer abträglichen Einwirkung auf den Eishaushalt des Gletschers. Die stärkste Verschmutzung erfährt der Gletscher im Sommer oberhalb der Firngrenze. Schilauf ist dann ja nur auf Firnflächen möglich. „Sommerschilauf auf Gletschern" ist derzeit ein besonderer Werbeslogan der Schilifterbauer und alpiner Fremdenverkehrseinrichtungen.

Österreich nimmt am UNESCO-Programm „Man and Biosphere" mit dem Schwerpunkt Hochgebirge teil. Es gilt, an Orten an denen einerseits seit längerer Zeit Hochgebirgsforschungen durchgeführt wurden, Geo- und Bio-Untersuchungen anzustellen und andererseits in Gebieten Forschungen vorzunehmen, in denen in letzter Zeit starke

Tabelle 4. Querprofile über das Schmiedingerkees am 3. Oktober 1973. Änderung gegenüber 14. Oktober 1969 und 13. September 1972 in m

Pegel Nummer	Seehöhe in m Urzustand 14. Okt. 1969	Lageänderung gegenüber Urzustand			Höhe der zurückversetzten Pegel 1973 und Höhenänderung gegen vorhergehender und 1. Messung	
		Δy	Δx	ΔL	Δh 1972/73	ΔH 1969/73
F 1	2928,24				− 1,05	− 1,42
F 2	2909,08	− 0,27	+ 0,90	0,94	− 1,36	− 2,66
F 3	2908,04	+ 1,19	+ 4,21	4,38	− 2,08	− 2,52
F 4	2841,67				− 0,23	− 1,88
F 5	2873,82	− 0,91	+ 3,24	3,36	− 1,16	− 1,16
F 6	2863,72				− 1,52	− 1,70
F 7	2866,57	+ 2,83	+ 8,42	8,88	− 1,44	− 2,25
F 8	2698,80	− 1,00	+ 7,88	7,94	− 1,74	− 1,42
F 9	2763,17				− 2,16	− 2,81
F 10	2795,10				− 1,83	− 1,23
F 11	2800,40				− 1,87	− 2,46
F 12	2880,85	+ 2,20	+ 11,03	11,25	− 3,22	− 2,47
F 13	2796,93					− 3,36
A 1	2649,44	+ 4,61	+ 3,91	10,03	− 2,81	− 3,63
A 2	2646,65				− 1,91	− 1,36
A 3	2648,68				+ 0,85	+ 2,17
A 4	2666,60				− 1,66	− 3,68
A 5	2683,65	+ 1,25	+ 1,27	1,78	− 0,63	− 1,83
A 6	2673,59	+ 0,81	− 0,41	0,91	− 1,99	− 3,54
A 7	2641,71				− 2,61	− 4,71
A 8	2573,96	+ 4,93	+ 12,49	13,43	− 0,57	+ 1,67
A 9	2575,70				− 0,84	+ 0,62
A 10	2504,06	+ 0,58	+ 1,42	1,53	− 1,88	− 3,39

(Bei den Daten Δy und Δx handelte es sich um die Koordinaten Gauß-Krüger. Die fehlenden Angaben in der Längsspalte Lageänderung gegenüber Urzustand sind darauf zurückzuführen, daß die Pegel nicht mehr vorhanden waren.)

menschliche Eingriffe erfolgten und in Zukunft noch erfolgen werden. Das Schmiedingerkees unterliegt einer enormen Beeinflussung durch den Fremdenverkehr. Es wäre wünschenswert, dort die Auswirkungen des Tourismus auf die Ökosysteme des Hochgebirges zu erfassen.

Die Höhe der Oberfläche des Schmiedingerkeeses hat sich (vgl. Tab. 4) von 1972 auf 1973 bis zu 3,22 m erniedrigt. Nur an einer einzigen Stelle erfolgte eine Erhöhung. 1973 gegenüber 1969 erreichte die Dickenabnahme des Gletschers maximal 3,68 m. An drei Stellen war die Gletscheroberfläche 1973 etwas höher als 1969. Die größte Lageänderung eines Profilpunktes betrug zwischen 1969 und 1973 13,43 m.

Am 13. August 1973 ließen die drei Marken vor dem Zungenende des Schmiedingerkeeses ein Gletscherrückweichen von 3,9 m feststellen. Die einzelnen Werte waren 3,3, 2,6 und 5,7 m. An der Seite des Gletschers gab es am 13. August 1973 an keiner Stelle eine Erhöhung der Oberfläche. Sie erniedrigte sich zwischen 0,2 und 1,9 m. Die Tab. 5 weist die einzelnen Meßergebnisse auf.

Tabelle 5. Randliche Änderung der Gletscheroberfläche in m

Punkt	Seehöhe in m	Änderung der Höhe von 1972 auf 1973 in m	Anmerkung
1/68	2915	− 0,4	Firnschnee mit Sand vermischt
2/68	2930	− 0,3	
3/68	2935	− 0,4	Firn verschmutzt
P	2910	− 1,9	grobe Verschmutzung
Q	2910	− 0,4	
H	2770	− 0,7	sehr schmutziger Firn
N/59	2711	− 0,2	schwach verschmutzter Firn in Resten
F/68	2665	− 1,4	Eis bis zum Feld
4/68	2715	− 0,2	Firn verschmutzt
E/68	2690	− 0,3	Firn leicht verschmutzt
B/60	2632	− 0,6	Firn stark verschmutzt

Die Messungen erfolgten am Gletscherrand bereits am 13. August 1973. Es muß angenommen werden, daß die Oberfläche des Schmiedingerkeeses an ihrem Rand noch weiter bis zum 24. September beträchtlich eingesunken ist.

10. Großes Goldbergkees

Während sich das Zungenende des Goldberggletschers von 1971 auf 1972 stationär verhielt, wich es von 1972 auf 1973 im Durchschnitt um 9,3 m zurück. Am 20. August 1973 zeigten 5 Marken im Zungenvorland folgende Rückzugsbeträge des Gletschers an: 8,5, 5,0, 11,1, 12,0 und 9,7 m.

Der Gletscherkörper ist seit längerer Zeit quer durch ihn entzweigeschnitten. In einer Höhe von 2750 m aperte der Steilabfall aus und trennte das Goldbergkees in einen oberen und unteren Teil. Beim „Oberen Gruepeten Kees", einer Steilstufe in 2550 m, wird das Kees in der Breite von Norden her mehr als zur Hälfte von ausgeapertem Fels abgeschnürt. Auf diese Weise kann im linken Zungenbereich des Gletschers kein Eisnachschub von oben her erfolgen. Die Firngrenze befand sich am 20. August 1973 in ungefähr 2800 m Höhe. In der Folgezeit stieg sie bis über 3100 m an.

In der Fleißscharte zwischen dem Großen Goldberggletscher und dem Kleinen Fleißkees in einer Höhe von 2975 m gab es am 1. August 1973 noch eine Mächtigkeit der Jahresfirnrücklage 1972/73 (Ablagerung seit Anfang Oktober 1972) von 110 cm. Am 20. August war sie bis auf 10 cm zusammengeschmolzen und wenige Tage später gelangte die Akkumulation 1971/72 an die Oberfläche. (Im Mai 1973 betrug die Höhe der Schneeanhäufung ab Oktober 1972 noch 360 cm.) In tieferen Teilen des Firnfeldes gelangten

Abb. 3. Großes Goldbergkees (Vogelmaier Ochsenkarkees). Der Gletscher ist in 2750 m Höhe in seiner ganzen Breite unterbrochen. Über dem Steilabfall in 2600 m zieht das Kees nur noch an seinem Südteil (im Bild links) bis zum „Unteren Gruepetenkees" hinunter. Aufnahme am 21. August 1973, Foto Tollner.

auch noch ältere Jahresfirnrücklagen an die Gletscheroberfläche. Im Firngebiet waren zahlreiche Spalten aufgetaucht, die es in früheren Jahren dort nicht gegeben hatte.

Die Oberfläche des Gletschers im höheren Teil des Ostgrates und bei der Felsinsel südöstlich vom Gipfelaufbau des Sonnblicks war am 20. August 1973 noch immer wesentlich höher als um 1955 herum. An einer Stelle auf der Felseninsel trat gegenüber 1972 keine Änderung der Höhe des Gletschers ein. An einem zweiten Punkt hatte sich die Oberfläche des Firnfeldes um 20 cm erniedrigt. Der Nordgrat der Goldbergspitze stieg um 120 cm aus dem Firn heraus. Der felsige Aufbau des Sonnblickgipfels rückte um 60 und 110 cm weiter aus dem Firnniveau empor.

Von Kärntner und Salzburger Projektanten ist beabsichtigt, das Gebiet des Rauriser Sonnblicks mit einer Personenseilbahn auf den Gipfel und mit 6 Liften auf den Gletschern zu erschließen. Auf dem Großen Goldbergkees und auf dem Kleinen Fleißkees befinden sich eine Reihe von Akkumulations- und Ablationspegeln. In der Nähe des Gipfelaufbaues sind in verschiedenen Tiefen des Gletschers Temperaturelemente eingerichtet, die auf dem meteorologischen Observatorium registrieren. Diese Einrichtungen stehen im Zusammenhang mit modernen glaziologischen Untersuchungen und mit Grundlagenforschung für die Frage nach der Ursache der Lawinenabgänge im Hochgebirge.

11. Kleines Fleißkees

Im Jahre 1972 ließ sich das Ende des Kleinen Fleißkeeses nicht einwandfrei einmessen. Der Gletscher besaß seit Mitte August eine Altschneeauflage, die nicht mehr

Abb. 4. Landung eines Hubschraubers im obersten Bereich des Großen Goldbergkeeses. Im oberen Bildteil außerhalb der hellen Firnflächen dunkle Ränder von Firnrücklagen aus früheren Jahren. Aufnahme am 23. August 1973. Foto Tollner.

abschmolz. Von 1971 auf 1973 rückte das Kleine Fleißkees im Mittel um 4,1 m zurück Messung am 1. September 1973). Die Einzelwerte waren 3,9, 4,3 und 4,1 m. Die Zahl der Spalten hatte gegen frühere Jahre wesentlich zugenommen. Die Jahresfirnrücklage (Ablagerung ab Oktober 1972) verschwand schließlich im September 1973 vollständig.

Über der Steilstufe in 2750 m konnte ebenso wie in früheren Jahren keine weitere Einschnürung der Eisverbindung zwischen dem oberen und unteren Teil des Gletschers beobachtet werden. Die Eissubstanz des Gletschers dürfte im Eishaushaltsjahr 1972/73 eine ansehnliche Einbuße erlitten haben.

Bei der Pilatusscharte erniedrigte sich der Rand der Firnoberfläche von 1971 auf 1973 um 0,7 m.

12. Wurtenkees

Der Wurtengletscher ließ von 1971 auf 1973 (also im Ablauf von zwei Jahren) nur eine geringe Arealabnahme erkennen. Sie war in den Meßpunkten 4,8, 3,6, 3,2 und 2,9 m im Mittel demnach 3,8 m. Die Firnausdehnung im Bereich der Niederen Scharte erwies sich 1973 etwas kleiner als 1971, aber noch immer größer als 1947 in der Zeit des Minimalausmaßes nach Ende des Zweiten Weltkrieges. Der linke Zungenlappen des Gletschers ist nunmehr bereits stark mit zum Teil grobem Schutt bedeckt, der sich offensichtlich etwas ablationsvermindernd auswirkt. Die Firngrenze wurde am 21. August 1973 in einer Höhe zwischen 2800 und 2850 m erkannt.

Im Rahmen der Erschließung des Scharecks für den Wintersport seitens „Sport Gastein", wird das Wurtenkees Schilifte erhalten. Auf den Gipfel des Scharecks soll eine Personenseilbahn führen. Auf dem von unten her nicht ganz einfach zu erreichenden linken Zungenteil des Gletschers befand sich bereits ein Fahrzeug einer Bauunternehmung.

Das Wurtenkees dürfte von 1971 auf 1973 mäßig an Eissubstanz eingebüßt haben.

13. Kleines Sonnblickkees

Von Ende August 1972 an verblieb der rechte schmale Zungenlappen des Kleinen Sonnblickkeeses unter Altschnee. Zwischen 8. Oktober 1971 und 1. September 1973 verkürzte sich die Zunge um 6,5 m. An der rechten Seite nahe beim Zungenende sank die Eisoberfläche um 0,6 m ein. Das Eishaushaltsjahr 1972/73 dürfte beträchtlich negativ ausgefallen sein.

Literatur

[1] Tollner, H.: Über Schwankungen von Mächtigkeit und Dichte ostalpiner Firnfelder. Archiv Met. Geoph. Biokl. B, 3, 189—208 (1951).

[2] Tollner, H.: Meteorologisch-glaziologische Grundlagenforschung der Tauernkraftwerke AG., Festschrift „Die Hauptstufe Glockner-Kaprun", 1951.

[3] Tollner, H.: Haben die Gletscherrückgänge in den Hohen Tauern Rückwirkungen auf die Wasserhaltung der Kraftwerksanlagen im Großglockner-Gebiet? Festschrift „Oberstufe der Tauernkraftwerke AG. Glockner-Kaprun", 1955.

Grundzüge der geomorphologischen und pflanzengeographischen Verhältnisse im Bereich der Sameralm, einer neuerrichteten Forschungsstation des Geographischen Instituts der Universität Salzburg

Von H. Riedl, Salzburg

Mit 3 Abbildungen

Das Geographische Institut der Universität Salzburg pachtete im Juni 1973 die im Eigentum des ÖAV (Sektion Salzburg) stehende Sameralm (1510 m) an der Südflanke des Tennengebirges. Noch im Sommer und Herbst 1973 wurde die Almhütte durch dankenswerte Hilfe der Mitarbeiter des Instituts und die fachmännische Arbeit des Pächters der Hackelhütte, Herrn Otto Krahbichler, neu adaptiert. Vor allem wurden die beiden Kammern und der Dachboden mit Stockbetten bzw. Matratzenlagern ausgestattet, wodurch bereits im Jahre 1974 die Hütte 18 Personen Unterkunft gewähren kann, und von den Lehrbeauftragten des Geographischen Instituts geomorphologische, geländeklimatologische und vegetationsgeographische Praktika abgehalten werden können.

Neben der Berücksichtigung von Lehraufgaben stellt die Station jedoch einen Stützpunkt für verschiedenartige Untersuchungen im Hochgebirge dar. So wurde bereits im Rahmen des internationalen UNESCO-Programms: „Man and Biosphere", das von 1973 bis Ende 1979 anberaumt wurde, für das Gebiet der Forschungsstation ein eigener Forschungsaufgabenkatalog erstellt, dessen Hauptthematik sich auf die vom Menschen in vielfältiger Weise beeinflußte alpine Landschaftsentwicklung bezieht. Mit den Vorarbeiten zum UNESCO-Programm wurde bereits 1973 begonnen. In dankenswerter Zusammenarbeit mit H. Tollner wurden in einer ersten Ausbaustufe drei Wetterhütten errichtet: In 980 m Höhe im nördlichen Teil des Wenger Winkels (Station Forcher — Thermohygrograph seit 26. Oktober 1973), in 1510 m Höhe (Station Sameralm — Thermograph seit 26. Oktober 1973, Thermoskript seit 15. Juli 1973) und in 1700 m Höhe (Station Jochriedel — Thermoskript seit 25. November 1973). Es wurden ferner geomorphologische und vegetationsgeographische Überblickskartierungen getätigt, welche die physischgeographischen Hauptstrukturen des Stationsgebietes informativ klarzulegen versuchen und bestimmte Problemstellungen aufzeigen.

1. Geomorphologische Leitlinien

1. Die räumliche Eigenart des Gebietes

Den besten morphologischen Überblick über die nähere Umgebung der Alpinen Forschungsstation gewinnt man vom Schnapfenriedel (1568 m) aus. Der nach Norden schauende Beobachter wird in bestimmter Beziehung an die morphologischen Bilder der Dolomiten erinnert (Abb. 1). Beherrscht doch auch hier der Formengegensatz zwischen wand- und schrofenbildenden Kalken und Dolomiten einerseits, und tieferliegendem, sanfter wirkendem und begrüntem Gehänge andererseits, das den anstehenden Fels nur sehr selten hervorkehrt, das Panorama. Im Gegensatz zur Faltenlandstufenregion der Dolomiten aber bildet hier das in den Schiefern und Sandsteinen ausgebildete Sockelgelände keine großen Ebenheiten, auf welche die härteren Sedimentgesteinskomplexe

Abb. 1. Blick vom Schnapfenriedel nach Norden auf (von links nach rechts) Eiskogel, Napf, Tauernscharte und Tauernkogel. Die alpine Forschungsstation liegt bereits außerhalb vom linken unteren Bildrand. Deutlicher Formengegensatz zwischen krönenden Altlandschaftskuppen, im Hauptdolomit gelegenen Wänden und den vorwiegend im Ramsaudolomit angelegten Haldenhängen. Letztere werden teilweise vom markanten Legföhrengürtel bedeckt. Darunter mildere Hangzone im von Zwergsträuchern durchsetzten Almflächenareal der Werfener Schichten. Im Vordergrund große Konkavität mit Kalk- und Dolomitschutt. Darin eingeschnitten Lawinengräben mit Rinnenvegetation.

aufgesetzt erscheinen. Im Bereich der Forschungsstation wird der aus Werfener Schichten aufgebaute Sockel weitgehend in die Hangformung einbezogen, so daß von den im Werfener Schichtenbereich gelegenen tiefen Kerben des Steinergrabens an 300 bis 400 m Höhenunterschied überwindende, recht einheitliche Hangfluchten an das schrofige Gehänge im Ramsaudolomit heranreichen, wodurch der Rand des Tennengebirges zwischen Hackelhütte und Laubichlalm trotz der wichtigen Schichtgrenze zwischen Ramsaudolomit und Werfener Schichten einen hohen Grad südexponierter Geschlossenheit erhält, der ökologisch von großer Bedeutung ist. Von der Abtragung verschonte Rückensysteme, Kuppen und Ebenheiten des Werfener Schuppenlandes kommen infolge der Nordost-

Südwest gerichteten Oberläufe des Steinergrabens und des von Schuttströmen begleiteten Kalchautales, die beide ähnlich wie das oberste Lammertal, an den Gebirgsabfall nahe herantreten, viel weiter im Süden zu liegen. Es sind nur die lokalen Wasserscheiden zwischen diesen drei randparallelen Tiefenlinien, die horizontale Geländelinien in sehr bescheidener Ausdehnung nach Norden vortragen und mit den geschlossenen südexponierten Hangfluchten verheften. Allein der im Werfener Schichtengebiet liegende Jochriedel (1702 m) zwischen Steinergraben und dem Talschluß des obersten Lammertales vermag die Hänge durch ca. 400 m lang hinziehende Doppelgratformen zu ersetzen, die unmittelbar an das schroffige Rückgehänge im Ramsaudolomit stoßen, so daß hier die einzige Position im Bereich der Station gegeben ist, wo die große Schichtgrenze differenzierend im Sinne von Stufenhang und Faltenlandterrasse wirkt, die freilich heute äußerst zugeschärft entgegentritt, wie die kräftige junge Hangabtragung an den gegen die Lammerfurche gekehrten Plaiken beweist. Zwischen Steinergraben und Kraisten-Klemmgraben bietet sich die Wasserscheide nur noch in Form einer Schichtpaß-Konkavität dar, die zwischen den im Gutensteiner Kalk des Schuppenlandes liegenden Härtlingsrippen des Wenghofköpferls (1484 m) und dem geschlossenen Hangbereich zwischen Mühlbachalm und Wandfuß des Napfs vermittelt. Auch diese eng an den inneren Bau des Werfener Schuppenlandes geknüpfte Schichtkammlandschaft wird durch junge Hangabtragung, die gegen den tief eingesenkten, glazial überformten Karstsacktalboden des Wenger Winkels gerichtet ist, seitlich in Form von Plaiken eingeengt, die jedoch diesmal im teilweise dolomitischen Habitus zeigenden Gutensteiner Kalk des Wenghofköpferls zu liegen kommen.

2. Die einheitlichen südexponierten Hangbereiche in den Werfener Schichten

Die Detailbeobachtung des morphologischen Raumes läßt mehrere Formenzüge erkennen. Die auffälligste Gliederung wird durch eine Reihe von Hohlformen bewerkstelligt, die zum Steinergraben hinableiten. Zum Teil handelt es sich um engmaschige Rinnensysteme unterhalb der Mühlbachalm mit Längen von 100 bis 250 m, die besonders an der nach Süden gerichteten Umbiegungszone des Steinergrabens die orographisch rechte Talseite intensiv zerfurchen, während der gegenüberliegende, nach Norden exponierte Talhang derartige Rinnensysteme vermissen läßt. Dafür herrschen im Rahmen des asymmetrischen Querprofils des oberen Steinergrabens an der steileren, nach Norden exponierten Flanke mehrere kleine Plaiken vor, deren Bildung durch seitliche erosive Unterschneidung gefördert wird. Erst im anschließenden nach Süden verlaufenden Talabschnitt zeigen die nach Westen gekehrten rechten Talhänge wieder ein ganzes Netz nur 50—100 m langer Rinnen, die auffallenderweise wie die unterhalb der Mühlbachalm in weitgehend baumfreiem Weidegebiet angelegt sind. Die längsten Rinnen können tobelförmige Gestalt wie 100 m westlich der Forschungsstation erlangen. An den Tobelhängen, die sich talauf birnenförmig weiten, herrscht Plaikendynamik. Die oberste Eintiefung der Tobel ist an einen Quellenhorizont gebunden, der in einer Höhe von 1580 m auftritt.

Die in 2114 m Höhe gelegene Tauernscharte zwischen dem 2249 m hohen Tauernkogel und dem 2164 m hohen Napf übt eine Fernwirkung auf die tiefergelegenen Sockelhänge im Werfener Schichtenbereich aus. Die grundrißmäßigen Konvexitäten der Sockelhänge im Bereich der Sameralm und Laubichlalm, die Hangneigungen von durchschnittlich 25° aufweisen, machen unterhalb der Scharte einer weit gespannten Konkavität Platz, innerhalb der ein bis zu 600 m langes gegabeltes Grabensystem zur Ausbildung gelangt. Im Querprofil kerbtalig entwickelt, erscheinen die Anfänge der Hohlformen einerseits plaikenförmig-tobelförmig, andererseits muldenförmig.

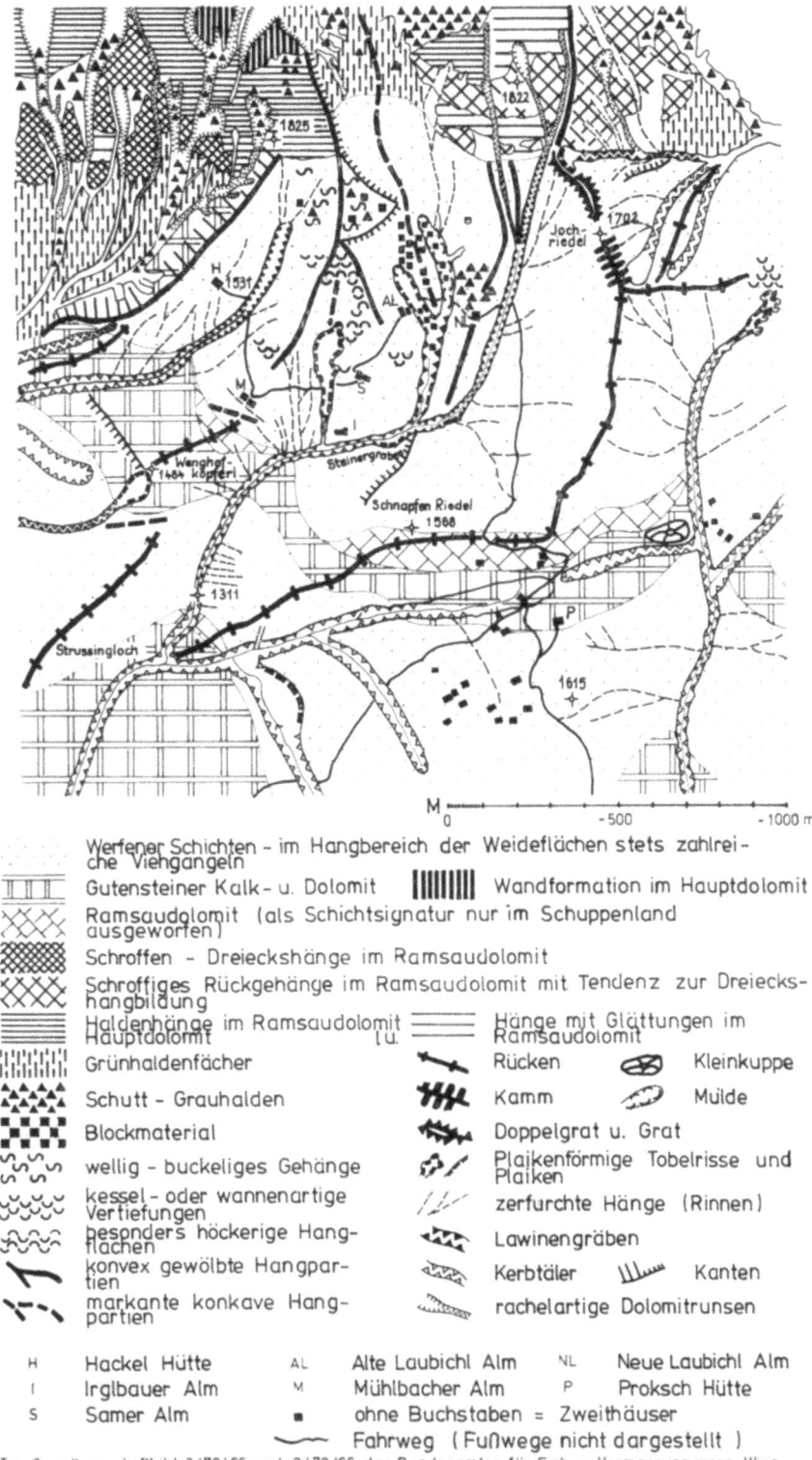

Abb. 2. Überblick über die geomorphologischen-geologischen Verhältnisse im Bereich der Alpinen Forschungsstation Samer Alm.

Dolomit- und Kalkblockwerk aus den höheren Hangbereichen liegen in den Grenzen der übergeordneten Konkavität dem Werfener Schichtensockel durch Murendynamik abgelagert auf. Diese große Konkavität stellt im Gegensatz zu den grundrißmäßigen Konvexitäten der übrigen Hangbereiche, die im Längsprofil leicht konkave Gestaltung aufweisen, zugleich eine allerdings leicht konvex im Längsprofil verlaufende Hangabflachung (20°) dar, wodurch der muren-akkumulative Charakter zum Vorschein kommt. Diese ältere Konkavität mit ihren Kalkblock- und Kalkschuttanhäufungen wird heute bereits durch das erwähnte Grabensystem, in dem häufig Lawinen ihre Bahn nehmen, zerschnitten, wodurch im Kernbereich turmartige allochtone Riesenblöcke durch Abspülung und Erosion freigelegt werden. Die Überschuttung der im Werfener Schichtenbereich gelegenen Sockelhänge schafft räumlich sehr differenzierte, verschiedenartige ökologische Standorte, wobei auch Aufkalkungen der sauren Bereiche stattfinden können. Es ist bezeichnend, daß sowohl die Brandstattalm[1] als auch die neue Laubichlalm auf abgeflachten Spornen, die aus der talseitigen Randzone dieser Konkavität herausgeschnitten wurden, ihren Standort haben.

Handelte es sich bei den Rinnen, Tobeln und Lawinengräben, die bisher besprochen wurden, um Hohlformen, deren Anfänge stets im Werfener Schichtenbereich wurzeln, so werden die schieferigen Sockelgesteine andererseits auch von Hohlformen durchmessen, die weit in die oberen Hangstockwerke zurückgreifen. Sehr schön ist dieser Umstand im Gelände zwischen Jochriedel und neuer Laubichlalm vergegenständlicht. Noch im Werfener Schichtenbereich gabelt sich die langgestreckte Hauptkerbe in zwei Rinnen, die sich als rachelförmige Runsen mit Neigungen von 33—35° bis an die Haldenhänge bzw. Glatthänge des Tauernkogels fortsetzen; dadurch übt auch der Sockelbereich eine Fernwirkung nach oben gegen die härteren Gesteinspartien aus, denn von diesen Dolomitrunsen und Schieferrinnen erfolgt eine wirkungsvolle Zerlegung der bereits älteren Halden- und Glatthänge der höheren Hangbereiche, womit eine enge funktionellmorphodynamische Verflechtung der Hangbereiche unter und ober der Schichtgrenze erhärtet wird und auch dadurch die große räumliche Geschlossenheit des Südabfalls des Tennengebirges in diesem Bereich erhellt.

Die im ganzen recht einheitlich und geglättet wirkenden Hangbereiche lassen im einzelnen eine intensive Mikroformung erkennen.

Überall besetzen im Bereich der Weideflächen und Waldweidegebiete Viehgangeln die Hänge, wodurch diese in zahlreiche, anthropogen bedingte Kleinterrassen aufgelöst werden. Besonders ausgeprägt, oft unter Zerstörung der Grasnarbe, sind diese Kleinformen in den Rinnen und an ihren Rändern, wo der Boden stärker durchfeuchtet ist. Von diesen Formen mit ihren oft nur 20 cm breiten Terrassenflächen und über 1 m hohen, sehr steilen Stirnen, die weitgehend isohypsenparallel die Hänge facettieren, sind Kleinformengemeinschaften zu unterscheiden, die meist im Bereich ausgeprägter Konvexitäten auftreten und nicht mehr die parallelen Lineamente wie bei den Viehgangeln zeigen, sondern durch eine Verheftung von Kleinstkuppen mit umfließungsartigen Kleinstmulden ausgezeichnet werden, wodurch die Hänge höckerig werden. Die Hänge unmittelbar über der Sameralm zeigen sehr schön den Übergang der Viehgangeln in Kleinhöcker. Diese wandeln sich in einer Höhe von ca. 1680 bis 1700 m zu wellig-buckeligen Hängen ab, wobei bereits eine stärkere Individualisierung zwischen Hohlform und Buckel gegenüber den Umfließungsmulden des höckerigen Geländes besteht. Diese schärfer gestaltete Kleinformengemeinschaft gehört wohl dem Phänomen der Buckelwiesen an. Es ist auf-

---

[1] Die in Abb. 2 und 3 als alte Laubichlalm ausgewiesene Position muß richtig Brandstattalm heißen.

fallend, daß sich letztere Formengemeinschaft auf einer kleinen Verflachung unterhalb einer Kante einstellt, welche die obersten, von viel Kalkschutt bedeckten großwelligen Hangbereiche im Werfener Schichtenbereich hangabwärts begrenzt.

Die Individualisierungstendenz dieser Buckel-Grubenhänge erreicht ihr Maximum zum Beispiel auf den Mähwiesen südlich der Brandstattalm, wo die Trennstücke zwischen den kesselartigen Hohlformen bereits derart großflächig sind, daß der Hang physiognomisch nur noch durch die Hohlformen beherrscht wird. Derartige Formen entfernen sich schon wieder vom Typus der Buckelwiesen und haben zumindest konvergente Ähnlichkeit mit Hangdolinen, obwohl sie mitten im Werfener Schichtenbereich liegen. Die Entstehung muß noch geklärt werden. Vielleicht spielen subterrane Lösungsvorgänge im unterirdischen Gipslinsenbereich eine Rolle. Es zeigt sich aber bereits jetzt, daß die größten oft im Dekameterbereich liegenden und metertief eingesenkten, allseits geschlossenen Hohlformen bevorzugt auf Rücken liegen, wie südlich Jochriedel oder auf dem Sattel im Bereich der Quote 1644 m zwischen Jochriedel und Brandelbergköpfl-Zug. Besonders dort drängt sich eine gesetzmäßige Abfolge von versumpften kesselförmigen Hohlformen der Satterverflachung zu unter Plaikendenudation stehenden obersten Kerbenanfängen und Kerbtälern auf.

So bietet sich eine große Fülle von Kleinformengesellschaften dar. Diese sind zum Teil (Viehgangeln) ausschließlich durch Viehtrieb entstanden und erfahren im Zuge der Umstrukturierung der Almwirtschaft in diesem Raum unter bestimmten natürlichen Rahmenbedingungen kleinmorphologische Veränderungen. Bei manchen höckerigen Hangflächen, auf denen der Zwergwacholder immer mehr zuwächst, dürfte dies der Fall sein. Der Weidegang dürfte aber bei den wellig-buckeligen Flächen nur noch einen akzessorisch-genetischen Faktor darstellen und für die Entstehung der kesselartig isolierten dolinenartigen Formen spielt er sicher keine Rolle.

Eine große, im Naturräumlichen liegende Rahmenbedingung aller Kleinformen stellt die Tatsache dar, daß die Hänge im Werfener Schichtenbereich von einer recht mächtigen Pedosphäre eingenommen werden. Überblicksartige Bodensondierungen mit dem 1 m langen Schlagstahlbohrer haben gezeigt, daß bis in eine Höhe von 1600 m Braunerdeverwitterung herrscht, wobei in einer Tiefe von 60 bis 75 cm in stark grushältigem, lehmig-tonigem Substrat Tagwasservergleyung häufig entgegentritt. Um 1600 m Höhe wandelt sich die Braunerdedynamik zur Podsoldynamik, wenngleich typologisch die Entwicklung meist im Semipodsolstadium steckenbleibt. Im Herbst 1973 wurden in Zusammenarbeit mit Erich Stocker, der die Methode in der Kreuzeck-Gruppe bereits entwickelt hat, in den verschiedenen Kleinformbereichen Aluminiumröhren von verschiedener Länge versenkt. Im Frühsommer 1974 wird an Hand von genauen Neigungsmessungen der Aluminiumröhren das Ausmaß etwaiger Bodenbewegungen differenziert nach Bodenhorizonten festzustellen sein.

3. Die im Dolomit und Kalk gelegenen hohen Hangbereiche

Ein auffälliges Phänomen dieses morphologischen Raumes stellen die Haldenhänge dar. Besonders markant sind diese Formenelemente am Südfuß des Napfs und des Tauernkogels entwickelt. Dabei handelt es sich um 27 bis 30° geneigte Felsflächen, die durch Zurückweichen der größtenteils im Hauptdolomit gelegenen Wandformationen entstanden sind. Diese schwach konkaven Haldenhänge wirken sehr glatt in der Profilgebung und weisen eine nur gering mächtige, kleinstückige Schuttbedeckung auf. Am Südfuß des Tauernkogels taucht die Felsfläche immer wieder schildförmig unter der seichten Schuttdecke auf, wobei die Schuttverteilung sehr von der Konfiguration der Legföhrenbestände abhängig ist, da diese den abkommenden Schutt bergwärts anstauen, während deutliche Materialdefizite an der talseitigen Begrenzung der Latscheninseln zu beobachten sind. Eine sehr abtragungsintensive Zone liegt unmittelbar im Wandfußbereich, wie es am Tauernkogel deutlich beobachtet werden kann. Als oberste Begrenzung der Haldenhänge verläuft der Wandfuß nicht gerade, sondern er wird mehrmals nischenförmig-hufeisenförmig zurückgedrängt, wobei der Boden dieser Haldenhangbuchten noch nicht so glatt wie weiter unterhalb der Sporn-Buchtenzone verläuft. Treppenförmige Kleingesimse verleihen dem Buchtenboden eine stärkere Neigung, als sie die geschlossenen Haldenhänge aufweisen. Wesentlich ist auch, daß der Wandfuß von bis zu mehreren Metern hohen, konkav einspringenden basalen Konkavitäten geprägt wird, die stellenweise das Aussehen von Hohlkehlen erhalten können. Die obere Grenze dieser basalen Wandkonkavitäten wird meist durch entlang von Schichtfugen hervorkragende Hauptdolomitbänke gebildet. Sowohl die Haldenhangbuchten als auch die Konkavitäten des Wandfußaufrisses weisen darauf hin, daß für den Prozeß der Zurückverlegung der Wände, der sich im Zurücklassen des Haldenhanges morphologisch eindeutig manifestiert, neben der Frostverwitterung und gravitativen Schuttablösung (Steinschlag) Lösungsprozesse maßgeblich beteiligt sind. Die hufeisenförmigen Haldenhangbuchten zeigen eine Fülle korrosiver Kleinformen und ein Nachtasten der Korrosion entlang des Kluftgitters. Die Tatsache der am Wandfuß besonders Geltung gewinnenden Korrosion wird durch die Existenz von Karsthöhlen, deren Portale sich gerade in dieser Fußzone öffnen, unterstützt (z. B. Tauernloch).

Werden die Haldenhänge am Wandfuß heute noch frisch gehalten durch die oben angedeutete Morphodynamik, die immer neue geneigte Felsflächen auf Kosten der Wand entstehen läßt, so herrschen in den unteren Partien der Haldenhänge bereits deutliche Anzeichen der Zerstörung. Leiten die Haldenhänge im Ramsaudolomit am Südfuß des Napfs in die Hangformung der weicheren Sockelgesteine über, wobei nur ihre Neigung um 5° höher liegt als die Hangbereiche in den Werfener Schichten, so greift vom Wenger Winkel das Kalchautal mit seinen Dolomitrunsen weit in die Haldenhänge zurück. Diese streichen mit deutlich konkavem Längsverlauf über der Runsenoberkante frei in die Luft aus. Die vergrusten Steilhänge der Runsen zehren die Haldenhänge von unten auf, ähnlich wie südlich des Eiskogels, wo bereits tiefräumige Einlappungen durch die Runsentrichter erzielt wurden, die den Haldenhang am Napffuß bis zur Hälfte seiner Längserstreckung aufschlitzen. Weniger drastisch erscheint die Zerstörung der Haldenhänge am Tauernkogel. Die Auflösungstendenz ist deswegen schwächer, weil die tiefe Denudationsbasis des Wenger Winkels (ca. 1000 m) fehlt und örtlich durch den höheren Steinergraben ersetzt wird. Wahrscheinlich wirkt sich auch noch die Vererbungsstruktur der einst weitflächigeren Reste des Niveaus von 1700 m aus, wodurch im Raum des Tauernkogels sehr hochgelegene lokale Denudationsbasen lange Zeit vorgelegen haben im Vergleich zum schon präquartär enorm eingetieften Karstsacktal des Wenger Winkels.

Die geradlinigen Haldenhänge am Südfuß des Tauernkogels werden nach unten von wesentlich rauheren Hängen abgelöst, die Neigungen von 35° aufweisen. Im Gegensatz zur Dominanz der vom Wenger Winkel empordringenden Dolomitrunsensysteme mit ihren Zerstörungswirkungen spielen hier nur wenige lange Rinnen eine Rolle; bedeutender sind zahlreiche kurze und seichte Rachelanfänge, die sich aber systematisch nicht durchsetzen können und meist in ihrem Verlauf wieder abreißen. Daher kommen auch nicht die musterhaften Dreieckshänge, die oft bereits zu Türmen, Kegelformen und Bastionen isoliert werden, wie in der Kalchau unterhalb der Zone der Haldenhänge zur Ausprägung, sondern nur Schrofen, die in Form oft nur ein bis einige Meter hoher undeutlicher Dreieckshänge das Steilgelände durchsetzen, und dennoch an ihrem Obersaum durch ihren hohen Grad an Rauhigkeit und ihre stärkere allgemeine Hangneigung eine Unterschneidung der glatten, weniger geneigten Haldenhänge bewirken. In diesem rauhen Kleinschrofengelände inmitten des Wettersteindolomits (Ramsaudolomits) treten auch Glättungen auf, die nicht als Haldenhänge erklärt werden können. Es handelt sich dabei um Glatthänge, die Ähnlichkeit mit den geglätteten Hängen der höchsten Altlandschaftskuppen des Tennengebirges besitzen. Am nördlich der Tauernscharte gelegenen Brietskogel (2316 m) stellen sie beispielsweise ein beherrschendes Phänomen dar, das eindeutig jünger einzuzeiten ist als die glazial abgeschliffenen Felspartien, denn diese werden durch die junge Glatthangentwicklung bereits unterschnitten und zerstört. Solifluidale Vorgänge des Spätglazials und der Jetztzeit waren und sind an der Gestaltung der Hangglättung beteiligt.

2. Vegetationsgeographische Leitlinien

Ähnlich wie in den Pongauer Schieferalpen besteht auch hier zwischen Wenger Winkel und oberstem Lammertal an der südexponierten Flanke des Tennengebirges eine sehr niedrige Lage der mittleren Almsiedlungsgrenze mit 1500 m Höhe und ein Höhenintervall von nur 520 m zur höchsten Dauersiedlung im Wenger Winkel. Einen wichtigen Standortsfaktor dieser Almwirtschaftszone zwischen Hackelhütte des Alpenvereins, die ja auch eine umgebaute Almhütte darstellt, und neuer Laubichlalm stellt die Verbreitung der Werfener Schichten mit ihrem Quellenreichtum und Bodenangebot dar. Die Lebensräume der Almwirtschaft stehen aber auch in besonders enger Beziehung zur Ökologie. Betrachtet man in dieser Hinsicht die Beziehung der Almen im Umkreis der Alpinen Forschungsstation zur höhenzonalen Verbreitung der Vegetation, so ergibt sich auch da weitgehende Ähnlichkeit zur „Waldalmenzone" der Pongauer Schieferberge. Der Serpentinenweg, der vom Wenger Winkel zur Hackelhütte führt, durchmißt vom Scheitel des großen, Bergsturzmaterial miteinschließenden Murenkegels, entlang dessen Lawinengängen neben der Grünerle die Legföhre bis 1100 m hinabdringt, auf den im Gutensteiner Kalk gelegenen westexponierten Hängen sehr schöne Rotbuchenbestände, denen neben dem Ahorn die Tanne in hoher Wuchsform beigemischt ist. Bei 1400 m erreicht der Weg bereits die Almweidezone. In dieser Höhenlage stellt sich die künstlich herabgedrückte Grenze des geschlossenen Waldes partiell ein, wobei immer noch die Rotbuche bedeutend ist. An den ebenfalls nach Westen exponierten Hängen im Werfener Schichtenbereich südlich des Wenghofköpferls stehen mit über 2 m Stammumfang stark von Flechten behangene Rotbuchen auf Braunerden. Es treten Ebereschen und Tannen auf, wobei die letzteren allerdings hier mehr im Unterwuchs der Rotbuchen auftreten. Dieser Waldtyp dringt bis in Höhen von 1420 m empor und steigt über den Rücken südlich Wenghofköpferl noch in kleinen Beständen auf die südostexponierten Hänge des Steinergrabens hinunter. Vereinzelt dringt die Rotbuche im Kalchautal bis auf 1500 m Höhe vor. Wenn auch die Fichte in diesem Bereich immer wieder auftritt, so ist an den westexponierten Rändern des Wenger Winkels und der Wengerau dennoch sehr deutlich eine subozeanisch getönte hochmontane Buche-Tannen-Stufe ausgeprägt, die in 1450 bis 1500 m ihre obere mittlere Begrenzung erhält. Die Almwirtschaftszone zeigt nun sehr instruktiv eine sehr enge Bindung an diesen hochmontanen Obersaum, woraus zusätzlich die ökologisch tiefe Lage der Almen resultiert, da kein tieferes Eindringen der Almensiedlungen in den nächsthöheren subalpinen Höhengürtel zu verzeichnen ist, wie dies in anderen ostalpinen Räumen charakteristisch ist.

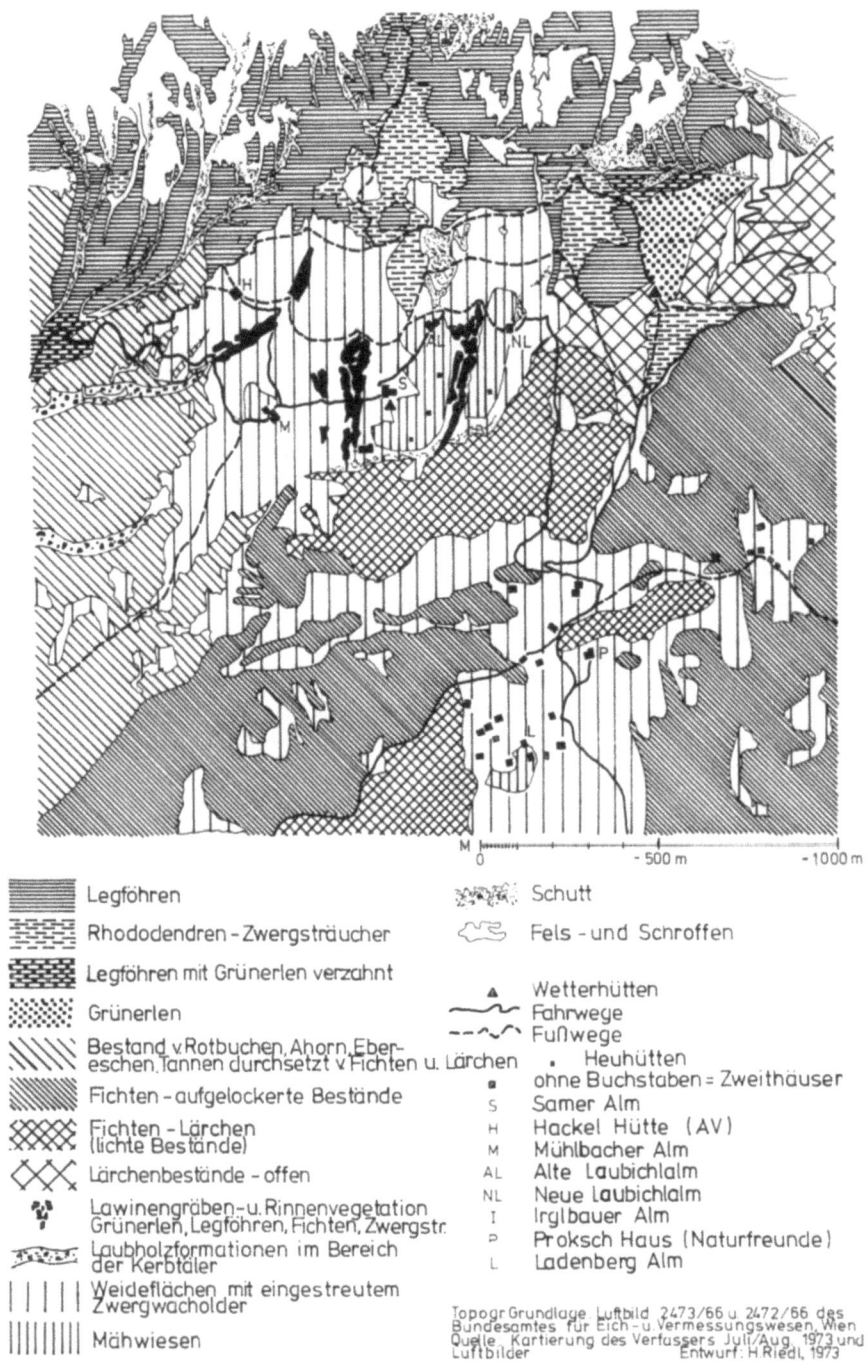

Abb. 3. Überblick über die Vegetationsgliederung im Bereich der Alpinen Forschungsstation Samer Alm

Dieser Umstand wird bei den künftigen bodengeographischen und morphodynamischen Untersuchungen öfters reflektiert werden müssen, denn rein physiognomisch mutet das bereits weitgehend baumfreie Hanggelände mit seinen Zwergwacholderbüschen und Weiderasen und der Nähe der Schrofen und Wände alpin an. Gleichzeitig kann aus der biogeographischen Einordnung unserer Almzone heraus auch die besondere Gunst des Stützpunktes der Alpinen Forschungsstation für ökologische Arbeiten am Übergangssaum der hochmontanen zur subalpinen Stufe ersehen werden. Bis jetzt haben sich die physisch-geographischen Hochgebirgsarbeiten viel mehr mit der Grenze subalpin — alpin auseinandergesetzt, deren Problematik von der Station aus zusätzlich in günstiger Weise erfaßt werden kann.

Die subalpine Höhenstufe der Vegetation tritt in den Wuchsformen klar gegliedert entgegen. Von 1420/1450 m Höhe an stellen sich als Repräsentanten einer unteren subalpinen Stufe Fichten- und Fichten-Lärchenwälder beherrschend am Schnapfenriedel, auf den Hängen der Ladenberghöhe sowie in den Talanfängen des Hüttaugrabens ein. Diese untere Stufe wird ca. 200 m mächtig. An den Südwest- und Südosthängen des Jochriedels setzen die Bestände der Rostroten Alpenrose, zugleich mit Zwergwacholder und Legföhren vergesellschaftet, in einer Höhenlage von 1640 m ein, wobei Durchsetzungen von sehr lichten Lärchenbeständen und nur noch spärlich von Fichten charakteristisch sind. Wenn auch die Legföhren orographisch und edaphisch bedingt, wie bereits erwähnt wurde, entlang der Lawinengänge und Schuttströme bis an die Murenverbauungen des Wenger Winkels hinabsteigen, so besteht an den geschlossenen südexponierten Flanken zwischen Hackelhütte und Jochriedel dennoch eine recht einheitliche Untergrenze des eindrucksvollen Legföhrengürtels, die weder petrographisch noch morphologisch bedingt ist; die Legföhrenuntergrenze liegt nicht nur unterhalb der Hauptgesteinsgrenze Ramsaudolomit — Werfener Schichten, sondern auch unterhalb des übersteilten Schrofengeländes in den flacheren Sockelhängen. Die expositionelle Mitbedingtheit dieses markanten Legföhrengürtels zwischen Eiskogel und Tauernkogel geht aus der Situation am Jochriedel hervor. Bei gleichem Substrat (Werfener Schichten) überziehen Legföhrenbestände die Südwesthänge, während die Grünerle an den übersteilten Nordosthängen beherrschend wird. Die obere subalpine Stufe, die diesen Legföhrengürtel mit seinen aufrechten Zwergsträuchern umfaßt, reicht von 1640 bis 1920 m.

Zieht man einerseits ins Kalkül, daß die obere Baumgrenze am nahen Frommerkogel (1882 m) bei 1840 m Höhe, auf der Pischlingshöhe (1843 m) bei 1820 m liegt und bei beiden Lokalitäten wahrscheinlich durch das Gipfelphänomen und durch die Almwirtschaft lokalklimatisch bzw. anthropogen verursachte leichte Depressionen der Baumgrenze vorliegen, und beobachtet man andererseits die Standorte von Einzellärchen und -fichten mit ihren Kümmerformen inmitten der Legföhren im Tauernschartenbereich in Höhen von 1800 m, so liegt der Verdacht nahe, daß die Obergrenze des Legföhrengürtels auch der natürlichen oberen Baumgrenze annähernd entspricht, von wo an sich die alpine Region nach oben ausdehnt. Bis auf die morphologisch bedingte Rinnen- und Tobelvegetation erscheint jedoch heute der gesamte Bereich vom Fuß der Hauptdolomitwände bis zur Kerbe des Steinergrabens entwaldet. Anstelle lichter Wälder der oberen subalpinen Stufe dehnen sich heute jeweils zur Hälfte der Hanglänge Legföhren und darunter die vom Nardetum durchsetzten Weiderasenflächen mit vereinzelten Zwergwacholderbüschen aus.

Im Rahmen der überblicksmäßigen Kartierung der physisch-geographischen Hauptstrukturen der Umgebung der Alpinen Forschungsstation konnten abschließend folgende Hauptproblemstellungen, die vorerst einer Lösung zugeführt werden sollen, erkannt werden:

A. Geomorphologische Grundlagenforschung

1. Morphogenetische Untersuchungen der Haldenhang- und Glatthangentwicklung, unterstützt durch Messungen der Schuttproduktion, Schuttbewegung und Schuttabtragung.

2. Untersuchungen des Karstformenschatzes: Oberflächenverkarstung, Korrosionsmessungen, speläogenetische und höhlensedimentologische Bearbeitungen am gesamten Südrand des Tennengebirges.

3. Analyse und Abtragungsmessungen im Dreieckshanggelände, morphometrische Studien der Dolomitrunsensysteme, unterstützt durch Sandkastenversuche, Studium der Denudationsverhältnisse in den Lawinengräben.

4. Untersuchungen zur Problematik der Altlandschaft des Tennengebirges im Verein mit der Kartierung von Paläoböden und tertiären Sedimenten.

5. Studien zur Hangentwicklung im Werfener Schichtengebiet, messende Erfassung der langsamen Bodenbewegungen und der Denudationsvorgänge raschen Ablaufs (Plaiken), sowie Erosionsmessungen.

6. Analyse der Schichtkamm- und -paßmorphologie des Werfener Schuppenlandes neben Altflächenstudien.

7. Differentialanalyse des glazialen Formenschatzes und quartärstratigraphische Untersuchungen neben allgemeinen geologischen Hilfsstudien.

B. Hydrogeographische Grundlagenforschung

Aufnahme eines Quellenkatasters, Abflußmessungen, Markierung der unterirdischen Karstentwässerung, Bodenwasserhaushaltsuntersuchungen.

C. Klimageographische Grundlagenforschung

1. Ausbau der drei Stationen durch Totalisatoren, Ombrometer, Windmeßgeräte, Bodentemperaturmeßgeräte und Strahlungsmeßgeräte. Zusätzlich Einrichtung einer Hilfsstation auf dem Plateau des Tennengebirges mit wenigstens nichtwinterlicher Temperaturmessung.

2. Vergleichende klimageographische Untersuchungen zur biogeographischen Höhenzonalität und den aktuellen morphodynamischen Prozessen in den einzelnen Höhenzonen.

3. Vergleichende klimagenetische und klimaökologische Untersuchungen (mittelwertsklimatologisch und witterungsklimatologisch) mit dem Stationsbereich Kreuzeckgruppe und den Stationen in der Glocknergruppe.

D. Ökogeographische Untersuchungen

1. Kartierung des anthropogenen, quasinatürlichen und natürlichen Kleinformenschatzes im Zusammenhang mit genauen bodengeographischen Kartierungen (profilmorphologisch und labormäßig) und sozialgeographischen Untersuchungen über den Strukturwandel der Almwirtschaft.

2. Differenzierte Abtrags- und Akkumulationsmessungen auf baumlosen Weideflächen, auf Waldweide und im Waldgebiet, bzw. Feststellen der veränderten Morphodynamik auf Schipisten, Schilifttrassen und neuen Weganlagen im Bereich des Ladenbergs und der Pischlingshöhe.

3. Pflanzensoziologische Kartierung der höhenzonalen Vegetationseinheiten, Untersuchungen über die Dynamik der natürlichen Baum- und Waldgrenze und kausalgenetische Differentialanalyse des Waldgrenzenrückganges (Jahresringuntersuchungen, Pollenanalyse, physiognomische Befunde) im Verein mit der Analyse der Bodendynamik bereits registrierter Stockwerkprofile und der Kleinformenanalyse, desgleichen in Zusammenhang mit der Paläoklimatologie und den sozialgeographischen Befunden.

4. Vergleichende pflanzensoziologische und vegetationsgeographische Arbeiten im Mähwiesengebiet, Weidegebiet verschiedener Prägung und im ausgedehnten Zweithäuserareal des Ladenberges.

5. Synthetisch vergleichende ökogeographische Studien in benachbarten Räumen.

Literatur

Grubinger, H.: Geologie und Tektonik der Südseite des Tennengebirges. Dissertation Universität Wien, 1952.

Geologische Grundlagen für ökologische Forschungen im Umkreis der Samer Alm bei Werfenweng, Pongau in Salzburg

Von Therese Pippan, Salzburg

Mit 1 Abbildung

1. Einleitung

Die vorliegenden Ausführungen gehen auf 26 Tage Geländearbeit im Umkreis der Samer Alm zurück, die vom 19.—27. Juli, 2.—12. August und am 23., 27. und 28. August, sowie am 12. September und am 13. und 14. Oktober 1973 durchgeführt wurden. Dabei besuchte ich 130 Aufschlüsse und nahm 28 Gesteinsproben mit.

Die geologische Übersichtskarte (Abb. 1), die noch vorläufigen Charakter trägt, wurde auf Grund der Aufnahmen von H. Grubinger [1] und eigener Geländeuntersuchungen erstellt. Es wurden vor allem die Lagerung der Gesteine, ihre Struktur — ob geschichtet, blätterig, ganz lokal oder an größeren Zerrüttungszonen zerstückelt — sowie intensive Verfaltung aufgenommen. Diese Daten können für die Intensität und Schnelligkeit der Gesteinsaufbereitung durch die Kräfte der Verwitterung, aber auch für die Geländeformung Bedeutung haben. Sehr eingehend wurde das Werfen-St. Martiner Schuppenland zwischen Strussing-Grundalm, überblicksweise auch die Werfener Schichten, Kalke und Dolomite der Tennengebirgs-Süd-Seite bis in 2100 m Höhe (an der Tauernscharte) untersucht. Eine genauere Begehung des Hochgebirges war aus Gesundheitsrücksichten nicht möglich. Sehr schwierig war die Begehung der einzelnen tiefen Gräben im Schuppenland. Die Abgrenzung der einzelnen Gesteinsserien könnte im Zuge weiterer Untersuchungen noch an verschiedenen Stellen eine Korrektur erfahren, z. B. im Bereich der Mayerhofalm, des Schnapfenriedl und Wenghof Köpferls. Es ist beabsichtigt, im kommenden Sommer noch eine größere Zahl von Proben verschiedener Gesteinstypen mitzunehmen und dann das gesamte Material sedimentpetrographisch zu untersuchen. (Granulometrie, Chemismus, Mineralbestand, der besonders für die Bildung von Tonmineralien Bedeutung hat, Porosität, Transversalschieferung.)

2. Stratigraphischer Überblick

Stratigraphisch gliedert sich das Gebiet in die Gesteine des Werfen-St. Martiner Schuppenlandes und des Tennengebirges. Das Schuppenland besteht von unten nach oben aus skythischen Werfener Schichten, Rauchwacke und Gutensteiner Kalk und Dolomit des Anis, und lokal ladinischem Ramsaudolomit. An der Südseite des Tennengebirges treten Triasgesteine vom Skyth bis zum Rhät auf. Es sind dies von unten nach oben: skythische basale Werfener Schichten, anisischer Gutensteiner Kalk und Dolomit, ladinischer Ramsaudolomit, norischer Hauptdolomit und norisch-rhätischer Riffkalk, der aber nur in der äußersten NW-Ecke des Untersuchungsgebietes vertreten ist und nicht begangen werden konnte.

2.1. Die Gesteine des Werfen-St. Martiner Schuppenlandes

Skythische Gesteine: Die Werfener Schichten des Schuppenlandes im Süden des Tennengebirges sind bis 1000 m mächtig, was wohl auf tektonische Anschoppung zurückgehen dürfte. Sie bilden hier ein sehr charakteristisches, weich geformtes Bergland, in dem

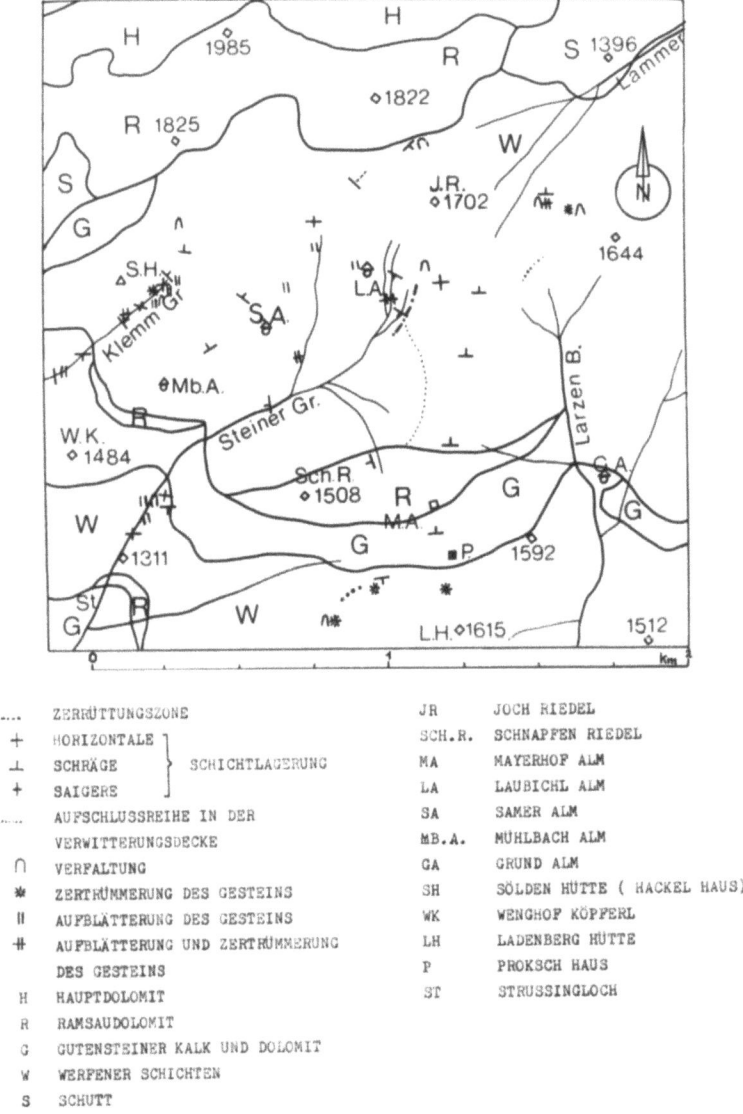

Abb. 1. Geologische Übersichtskarte des Untersuchungsgebietes. Grundlage: Aufnahme von H. Grubinger 1952, mit Ergänzungen der Verfasserin, 1973.

nur die anisischen Schuppenzüge durch schärfere Formen hervortreten. Es ergibt sich ein ansprechender Formengegensatz zu den steilen, oft kahlen Felsabfällen des Kalkhochgebirges im Norden. Diese landschaftliche Schönheit bildet eine der Grundlagen für den reichlichen Besuch dieses Gebietes durch Touristen. Die gemäßigten Hangformen kommen den Bedürfnissen des Skisports entgegen. So ist dieses Gebiet ein Zentrum des Sommer- und Winterfremdenverkehrs.

Die Werfener Schichten können sandig oder tonig ausgebildet sein. Das Verhältnis von Sand- zu Tongehalt kann innerhalb eines Gesteinsstückes in der horizontalen und vertikalen Richtung schwanken. Auch mergelige Lagen können auftreten. Das Zwischenmittel kann tonig, mergelig oder kieselig sein.

Der Sandstein ist fast dicht, quarzitisch, meist fein-, selten mittel- bis grobkörnig. Die Quarzkörner sind vorwiegend eckig. Die Schichtung ist undeutlich, Kreuzschichtung häufig. Der hohe Tongehalt der Werfener Schichten hat ihre Funktion als Gleithorizont bei den Überschiebungen begünstigt. Er ist auch für die Ausbildung von Quellhorizonten und für die Landwirtschaft als Grundlage für Almengebiete von Bedeutung. Die Bewirtschaftung der Almen ist aber wegen des Personalmangels sehr in Frage gestellt.

Der Tongehalt begünstigt das Auftreten von Plaiken, die besonders in dünnem, plattigem bis blätterigem Werfener Schiefer auftreten. Etwa 75% der vom Verfasser beobachteten Plaikenrisse finden sich in rötlichem, tonigem Werfener Gestein. Es kommt auch zur Ausbildung von Muren.

Der Tonreichtum begünstigt auch die Verwitterung der Werfener Schichten. Diesen Vorgang hat A. Kieslinger [2] eingehend studiert. Die dünnen Tonhäute, welche die Kornschüttung vielfach unterbrechen, bieten einen Ansatzpunkt für die Verwitterung. Ist das Bindemittel leicht erweichbar, kommt es zu Absanden. Die Kanten der Gesteinsbruchstücke werden abgerundet. Morphologisch ergeben sich aus der leichten Verwitterbarkeit in der Landschaft die Formen eines gemäßigten Berglandes mit Kuppen und sanften Rücken.

Bei der Verwitterung des Gesteins kommt es oft zu Krusten- und Rindenbildung. Durch Feuchtigkeitswechsel werden Anteile des Bindemittels in größerer Tiefe aufgelöst und an die Oberfläche gebracht, die dann verhärtet. Unter der Kruste aber wird das Gestein zersetzt.

Die Verwitterung des Gesteins und seine Aufbereitung kann auch durch Aufblätterung, Zertrümmerung und Verfältelung infolge tektonischer Vorgänge, ferner durch Glimmerreichtum, es handelt sich besonders um Muskowit, erleichtert werden. Am Jochriedel, wo der Werfener Schiefer am Südabfall des Tauernkogels intensiv gegen den Ramsaudolomit gefaltet ist, findet sich im Quelltrichter des obersten Lammertales eine außerordentliche mächtige Schuttablagerung.

Die Werfener Schichten, besonders die bunten Schiefer, zeigen eine sehr differenzierte Farbenskala von rot, rotbraun über gelb zu grün, lila, bläulich und grau bis zu weißlich. Die Abfolge der Farben hat Verf. am Steiner- und Klemmgraben und am Graben östlich der oberen Laubichlalm untersucht. Im Steinergraben wurden Aufschlüsse zwischen 1440—1580 m verfolgt, im Klemmgraben zwischen 1340—1560 m und im Laubichlgraben bei 1580 m Seehöhe, soweit das anstehende Werfener Gestein unter dem oft sehr mächtigem Schutt zu verfolgen ist.

Rote Schichten treten im Klemmgraben östlich des Hackelhauses bei 1440 m, 1540 m und 1560 m, im Steinergraben bei 1440 m, 1540 m, 1560 m und 1580 m und im erwähnten Laubichlgraben bei 1580 m auf.

In den angeführten Fällen läßt sich jeweils ein übereinstimmendes Niveau roter oder rötlicher Schichten erkennen, was ein Hinweis auf das Durchlaufen dieses Farbhorizontes ist. Die Farbe kennzeichnet einen bestimmten Chemismus des Gesteins. Die roten oder grünen Farben in den Werfener Schichten gehen auf einen gewissen Eisengehalt zurück. Sandstein oder Schiefer kann sich durch die Wirkung von Eisen-Verbindungen verfärben. Nur die rote Farbe ist sehr wetterbeständig. Sie geht auf einen Hämatitgehalt im Werfener Sandstein zurück. Die in frischem Zustand meist blaugrauen

Eisen-Verbindungen von zweiwertigem Eisen (Eisenoxyden) gehen an der Luft unter Sauerstoff-Aufnahme in gelbliche und hellbraune Farbstoffe von dreiwertigem Eisen (Eisenhydroxyd) über. Diese chemischen Umwandlungsvorgänge führen zum großen Farbenreichtum innerhalb der Werfener Schiefer und Sandsteine. Der rote Farbstoff ist besonders mit feinkörnigen Sedimenten verbunden und fast immer an die Schichten geknüpft. Auch bei grünem Sandstein gibt es Verfärbungen, dessen glaukonitischer Farbstoff durch die Verwitterung in braungelbe Verbindungen (Limonit) übergeht.

Um einen gewissen Anhaltspunkt für die Verbreitung verschieden gefärbter Verwitterungsdecken mit ihren Gesteinsbruchstücken im Untersuchungsgebiet zu gewinnen, wurden in sehr langen, durch den Güterwegebau erschlossenen Profilen der Verwitterungsdecke Untersuchungen vorgenommen und die Ergebnisse in einer Tabelle zusammengestellt (Tab. 1).

Tabelle 1. Statistik der Farbverteilung in der Verwitterungsdecke

Farbe	Zahl der Aufschlüsse	Länge der Aufschlußbereiche in m	Prozentsatz
Rot			
nur oder vorherrschend rot	12	80	
vorh. rot-braun	5	59,5	
vorh. rot-grün	4	75	
vorh. rot-gelb	2	8	
	23	222,5	21
Grün			
nur oder vorh. grün	23	158,5	
vorh. grün-gelb	3	24	
vorh. grün-braun	3	15	
	29	197,5	19
Braun			
nur oder vorh. braun	22	156	15
Vorh. andere Farben			
gelb	3	11	46
lila	1	2,5	
grau	1	8	
	5	21,5	2
Bunt gemischte Farben			
(rot, grün, lila, gelb, weiß, grau, bläulich)	33	448	43
Gesamtzahl der Aufschlüsse	112	Länge 1045	100

Am Güterweg von der Laubichlalm zum Prokschhaus wurden auf 496,5 m Länge 59 Aufschlüsse am Westhang des Jochriedels, östlich von der Mayerhofalm auf dem Güterweg gegen Strussing auf 131,5 m Länge 24 Aufschlüsse, am Güterweg an der Ostseite des Jochriedels gegen das oberste Lammertal 7 Aufschlüsse auf 85 m Länge und zwischen Prokschhaus-Bischlingshöhe (schon größtenteils außerhalb des Kartenausschnitts) ebenfalls entlang eines Güterweges 22 Aufschlüsse auf 332,5 m Länge, insgesamt also 112 Aufschlüsse auf 1045 m Länge untersucht. Es handelt sich bei diesen Aufschlüssen um eine oft sehr steinreiche, mächtige Verwitterungsdecke in den Werfener Schichten, wobei sich eine vielfache Abfolge verschiedener Farben der Gesteinsbruchstücke und ihrer lehmig-, tonig-erdigen oder sandigen Matrix beobachten läßt. H. Grubinger [3] bemerkt, daß diese Gesteinsfarben keine stratigraphische oder tektonische Bedeutung haben. Aber sie stehen in Zusammenhang mit der chemischen Zersetzung des Gesteins, die ihrerseits die Bodenbildung beeinflußt. Außerdem konnte, wie oben erwähnt, in drei Gräben ein Durchziehen, z. B. des rötlichen Horizontes beobachtet werden. Die Farbe der Verwitterungsdecke ändert sich oft an außerordentlich scharfer Grenze, doch sind auch sehr allmähliche Übergänge oder die Mischung verschiedener Farben möglich. Diese Tatsache muß mit den Verhältnissen der heute oft nicht mehr sichtbaren schuttliefernden anstehenden Werfener Schichten zusammenhängen. Tab. 1 gibt einen Überblick über die Zahl der vorhandenen Aufschlüsse mit einer bestimmten oder vorherrschenden Farbe, die Gesamtlänge der Aufschlüsse ähnlicher Farbe und den Prozentanteil, den diese Farbe von der Gesamtlänge aller untersuchten Profile einnimmt. Diese Farben können mit der Bildung von Tonmineralen, dem Auftreten blätteriger Gesteine, die bevorzugt eine rote Farbe zeigen und dem Grad der Verwitterung verbunden sein.

Die Untersuchung über die Verteilung der Farben, die sicher ein Hinweis für die entsprechenden Verhältnisse in weiteren Gebieten der Werfener Schichten sein können, gibt einen gewissen Einblick in das Auftreten sandiger und toniger Werfener Schichten insoferne, als grüne und gelbliche Farben bevorzugt mit sandigem, die roten vorwiegend mit tonigen Varietäten der Werfener Schichten verbunden sind. Eine genauere Gesteinsuntersuchung im Labor wird auf diese Zusammenhänge näher eingehen können. Die Werfener Gesteine sind bisher kaum modern untersucht worden. Nur bei G. Gabl [4] finden sich Daten von 9 Schliffen aus dem Gebiet der Erich-Hütte bei der Taghaube (Hochkönig). Quarzite bis quarzitische Schiefer der Werfener Schichten können bis 90% Quarzgehalt haben. Die Tonsubstanz als ursprüngliches Bindemittel zwischen den Quarzkörnern ist fast überall in Serizit umgewandelt. Es gibt auch klastische Muskowite. Der Grobsandstein unter der Taghaube hat rundliche Quarzkomponenten mit einer Größe bis zu 5 mm. Dazwischen sind Schlieren von Serizit. Tonschiefer bis Phyllite können als dünnblätterige Schiefer mit Transversalschieferung und Lineation ausgebildet sein. U. d. M. ist die Tonsubstanz teilweise völlig in Serizit umgebildet, teilweise erhalten. Außerdem kommen kleine Quarzkörnchen und etwas Karbonat vor. Die Werfener Schichten können annähernd denselben Metamorphosegrad erreichen wie die Gesteine der Grauwackenzone. In phyllitischem Tonschiefer tritt das Gefüge besonders gut hervor. Im Werfener Schiefer kommen Hellglimmer, Chlorit, Quarz und Karbonat vor. Manchmal ist die Tonsubstanz noch nicht ganz in Serizit umgewandelt. Der Karbonatgehalt ist gering. Mengenmäßig überwiegen Quarz oder Serizit.

Anisische Gesteine: Nach zunehmender Kalkeinschaltung in den höheren Horizonten der Werfener Schichten folgt über dem Skyth als tiefstes Glied des Anis die gelbliche Rauchwacke, die in lang gestreckten Bändern über den liegenden Werfener Schichten entgegentritt. Sie ist z. B. bei der Mayerhofalm vertreten. Der Kalkgehalt des löcherigen Materials wurde aufgelöst, wobei die dolomitischen Zellwände erhalten blieben. Es entwickelte sich dabei eine Wabenstruktur. Die Hohlräume können bei fortschreitender chemischer Umwandlung mit grauschwarzem, tonigem Material erfüllt sein. Nach G. Lahner [5] tritt an der Schubbahn zwischen Tirolikum und Bajuwarikum des Schuppenlandes oft mylonitische Rauchwacke als tektonisches Reibungsprodukt auf. Dieses Gestein hat sehr wenig Standfestigkeit. Es neigt zum Zerbröseln. Verf. konnte es vorwiegend in kleinen Ausbissen beobachten.

Über der Rauchwacke folgen der anisische Gutensteiner Kalk und Dolomit. Diese Gesteine sind besonders im Werfen-St. Martiner Schuppenland vertreten. Der bis 300 m mächtige Gutensteiner Kalk ist meist dünnplattig. Er enthält manchmal etwas Hornstein. Das dunkelgraue, dichte Gestein ist sehr oft von weißlichen, manchmal sehr dünnen Kalkspatadern durchzogen, welche Spalten ausheilen. Das Gestein kann brekziös sein. Der Gutensteiner Kalk ist deutlich gebankt. Oft, z. B. nördlich des Prokschhauses, geht der Kalk in Dolomit über. Der Gutensteiner Kalk bildet im Werfen-St. Martiner Schuppenland vorwiegend Steilhänge, sowie kleinere Felswände. In den Gräben sind in seinem Bereich Talengen und Felsstufen im Längsprofil des Baches.

Aus dem schwarzen Kalk und Dolomit entwickelt sich gegen oben ein dunkler, blätteriger Übergangsschiefer. Darauf folgt der ladinische Ramsaudolomit. Er findet sich im Schuppenland in kleineren Zonen, z. B. bei der Mayerhofalm.

2.2. Die Gesteine an der Südseite des Tennengebirges

Hier treten Triasgesteine vom Skyth bis zum Rhät auf. Es sind dies von unten nach oben: skythische, basale Werfener Schichten, anisischer Gutensteiner Kalk und Dolomit, ladinischer Ramsaudolomit, norischer Hauptdolomit und norisch-rhätischer Riffkalk.

Anisischer Gutensteiner Kalk und Dolomit sind den Gesteinen des Schuppenlandes durchaus ähnlich. Dasselbe gilt für den ladinischen Ramsaudolomit. Er setzt an den Südabfällen des Tennengebirges bei etwa 1700 m ein. Das Gestein ist weißlich bis dunkelgrau, zuckerkörnig, porös und oft brekziös, wobei die eckigen Bruchstücke in einer hellen oder rötlichen Grundmasse eingelagert sind. Das Gestein kann ein sehr feines Spaltennetz aufweisen. Der Ramsaudolomit zerfällt in große Mengen von scharfkantigem Grus, der die Schutthalden unter den Wänden bildet. Durch die Felsrinnen dieser Dolomitwände wird der Schutt nach abwärts transportiert. Zwischen den Rinnen können oft brüchige, ruinenartige Felskanzeln stehenbleiben (am Fritzerkogel im Lammertal).

Das Karn ist im Untersuchungsgebiet nicht in nennenswerter Weise vertreten. Der norische, bräunlich-graue Hauptdolomit folgt über dem Ramsaudolomit. Er ist meist dickbankig, wobei die Bankung auf Dolomit- und Kalkzyklen während der Sedimentation zurückgeht. Er ist etwa 1000 m mächtig. Im Untersuchungsgebiet erstreckt sich das Gestein zwischen 1500—2000 m, doch kann eine scharfe Grenzlinie nicht immer gezogen werden. Ihre Höhenlage schwankt beträchtlich. Bei einer Bankhöhe von 5—8 cm zeigt er innerhalb der Bänke eine Lamellierung, wobei gelbe und graue Verwitterungsrinden wechseln. Das Gestein zerfällt in kleine, würfelige Stücke.

3. Tektonischer Bau

Das Untersuchungsgebiet besteht aus zwei großtektonischen Einheiten: dem tirolischen Tennengebirge und dem bajuwarischen Werfen-St. Martiner Schuppenland.

Das Tennengebirge ist ein mächtiges, nach Norden fallendes Schichtpaket der tirolischen Deckeneinheit. An seinem Südfuß herrscht tektonische Verschuppung. Es wurde mit seiner oberostalpinen Triasserie samt ihrem skythischen Sockel der hochalpinen Werfener Schichten über die Trias des bajuwarischen Werfen-St. Martiner Schuppenlandes geschoben. Die Grenze der beiden Großeinheiten verläuft über die H. Hackelhütte gegen die Grundalm im Larzenbachtal. Eine hochalpine, südwärts gerichtete Überschiebung mit ebener, nach Süden geneigter Schubbahn ist entgegen der Auffassung von F. Trauth [6] nach Heissel [7] nicht vorhanden.

Das Bergland südlich des Tennengebirges baut sich aus der Werfen-St. Martiner Schuppenzone auf, die transgressiv auf der Grauwackenzone liegt. Es gehört zur bajuwarischen Deckeneinheit. Das Gebiet besteht aus mehreren Schuppen. Es wiederholen sich mehrfach dieselben Schichten. Das Schuppenland fällt nach Norden unter die Kalkalpen. Seine größte Breite ist 10 km. Die Gesteine sind stark durchbewegt und wohl deshalb fossilleer [3]. Ich konnte im Untersuchungsgebiet an einer Plaike im Graben östlich von der oberen Laubichlalm im Quelltrichter des Steiner Baches ein graues, silberglänzendes, sehr glimmerreiches Lesestück des Werfener Schiefers finden, das mehrere Exemplare von Gervilleia sp. enthält. Nach H. Grubinger [1] hat F. Trauth solche Fossilien nur außerhalb des vorliegenden Untersuchungsgebietes bei Unter-Harreith im Karbachtal und südlich des Frommer-Kogels gefunden. Die Fossilien am erwähnten Lesestück wurden freundlicherweise von den Herren Prof. Frasl und Dr. Tichy aus Salzburg bestimmt, wofür die Verfasserin verbindlichst dankt.

Das Gebiet des Schuppenlandes westlich des Frommerkogels hat einen einfachen, regelmäßigen Bau. Der Westteil zeigt unter dem tirolischen basalen Werfener Schiefer, bunte Werfener Schiefer und Gutensteiner Kalk der Frommer Schuppe. Die Schichten fallen vorwiegend gegen Norden. Das Gestein ist vielfach gefaltet, zerbrochen und in sich verschuppt. Diese Daten sind auf der geologischen Übersichtskarte dargestellt. Die anisische Schichtgruppe zieht über Strussing gegen die Bischlingshöhe und den Frommer Kogel, wo der Gutensteiner Kalk bis 500 m mächtig wird. Die Fläche der Schubbahn zwischen hochalpinem Tirolikum und bewegtem Schuppenland ist vielfach durch mylonitische Rauchwacke markiert. Dieses Reibungsprodukt entstand beim Aufeinander-Vorübergleiten der zwei bewegten Massen. Am Südabfall des Eiskogels springt unter dem Tennengebirgssockel die kleine Grundalmschuppe vor und verschwindet weiter im Osten, im Werfener Schiefer der Brandlbergköpfe. Die Verschuppung in der bajuwarischen Decke entstand wohl durch die Deckenüberschiebung des Tirolikums über das Bajuwarikum.

4. Die Aufbereitung der Gesteine

Die Aufbereitung der Gesteine, wie sie sich auch unter heutigen Verhältnissen vollzieht, bietet die Grundlage für die Bodenbildung, die Besiedlung mit Vegetation und die Nutzung durch den Menschen als Almgebiet. Für sie ist das Gefüge des Gesteins maßgebend, ob es locker, fest, geklüftet, blätterig, verfaltet oder porös ist, ferner seine Verwitterungswiderständigkeit und die Arten der Minerale, die es zusammensetzen. Das Gesteinsgefüge beeinflußt die Verwitterungsgeschwindigkeit. Eine zunehmende physikalische Aufbereitung erleichtert die chemische Verwitterung. Bei geschichteten und geschieferten Gesteinen ist die Verwitterung von der Lagerung der Schicht- und Schieferungsflächen abhängig. Bei waagrechter Schichtung und Schieferung besteht eine Neigung zu flachgründigen, bei schräger oder saigerer Schichtung und Schieferung zu tiefgründigen Verwitterungsdecken. Beispiele hiefür gibt es im Bereich der Werfener Gesteine. Die geologische Übersichtskarte gibt diesbezügliche Daten als Grundlage für das Studium solcher Zusammenhänge. H. Grubinger [1] hat im gegenständlichen Geländebereich nur 1 Fallzeichen eingetragen.

Für die in Aussicht gestellte sedimentpetrographische und chemische Analyse sollen noch zusätzliche Proben verschiedener Gesteinstypen beigebracht werden, soweit sie eine größere Verbreitung zeigen: z. B. grüner, quarzitischer Sandstein, roter Sandstein, toniger Schiefer verschiedener Farben, einige Arten des Gutensteiner Kalkes, des Ramsaudolomites, bei dem mehr kalkige und dolomitische Lagen wechseln können, ferner auch

Übergangsbildungen von einer Gesteinsserie zur anderen, welche die eindeutige Abgrenzung der Gesteinszonen oft erschweren. Im Bereich grünlicher oder gelblicher kieseliger Sandsteine ist die Verwitterungsdecke i. a. reicher an Gesteinsbruchstücken als bei tonigem Schiefer oder Sandstein, wo in tonig-lehmiger Matrix ihre Zahl wesentlich geringer ist oder sie ganz fehlen. Im humiden Klima verwittern eisen- und manganhältige Minerale unter dem oxydierenden und reduzierenden Vorgang leicht. Die neu gebildeten Eisenoxyde geben, soferne sie nicht durch Wasser verlagert werden, zu Braun- oder Rotfärbung des Bodens Anlaß. Zur Verbraunung kommt eine Erhöhung des Tongehaltes im Boden, eine Verlehmung. Diese Tonanreicherung beruht z. T. auf der physikalisch-chemischen Verwitterung von Muskowit, der in den Werfener Gesteinen sehr reichlich vertreten ist. Er findet sich auf den Schichtflächen von Schiefern und Sandsteinen in zahlreichen silbrig glänzenden Blättchen.

Die kalkigen Gesteine verwittern umso schwerer, je fester und dichter sie sind. Der Dolomit, z. B. der Ramsaudolomit, ist porös, weshalb er leicht zu eckigem Grus zerfällt. Auch brekziöse Kalke und Dolomite zeigen geringe Widerständigkeit gegen Aufbereitung. Oft sind karbonatische Gesteine, z. B. der Ramsaudolomit, von einem feinen Spaltennetz durchsetzt, das das Ansetzen der Verwitterung erleichtert. Es können auch große, tektonische Kluftsysteme auftreten, die z. B. am Tauernkogel nordwestlich und südöstlich streichen.

Literatur

[1] Grubinger, H.: Geologie und Tektonik der Tennengebirgs-Südseite. Diss. Universität Wien, 1952.
[2] Kieslinger, A.: Gesteinskunde für Hochbau und Plastik. Schriftr. d. Wirtschaftsförd. Inst. der Kammer d. Gewerbl. Wirtsch. f. Wien. Österr. Gewerbeverlag, Wien 1951.
[3] Grubinger, H.: Geologie und Tektonik der Tennengebirgs-Südseite. Kober Festschrift S. 148–157. Wien 1953.
[4] Gabl, G.: Geologische Untersuchungen in der westlichen Fortsetzung der Mitterberger Kupfererzlagerstätte. Arch. f. Lagerst. Forschg. in d. Ostalpen. 1964, S. 2–31.
[5] Lahner, G.: Die Oberösterreichischen Kalkalpen und ihre Grenzgebiete. Mitt. f. Erdkunde in OÖ. 1. Jg. Nr. 2, S. 1–108, Linz 1932.
[6] Trauth, F.: Vorläufige Mitteilungen über den geologischen Bau der Südseite der Salzburger Kalkalpen. Anz. Akad. Wiss. Wien, math.-nat. Kl. 53, S. 40–43 (1916).
[7] Heissel, W.: Die geologischen Verhältnisse am Westende des Mitterberger Kupfererzganges (Salzburg). Jb. Geol. B. A. Wien, 90, S. 117–149 (1947).

Ergebnisse zweijähriger Abtragsmessungen und Bodenbewegungsmessungen im Bereich „Mähder" in der Kreuzeckgruppe (Kärnten)

Von Erich Stocker, Salzburg

Mit 6 Abbildungen

Zusammenfassung

An den SW-Hängen des Rottensteinertals wird die Hangabtragung von der Hangzerschneidung aus gesteuert. Die Hangfurchen werden vielfach von Plaiken begleitet, an denen die Hangentwicklung besonders rasch vor sich geht. Es zeigte sich eine junge Eintiefungsphase der Bäche, die eine starke Plaikenaktivität auslöste, welche wiederum zu einer Hangabschrägung führt. Der Abtrag pro Jahr liegt bei 16 kg/m². Hauptagens des Abtrags ist der Spaltenfrost. Aus zweijährigen Messungen ergaben sich ca. 80% der Tage von 20. Oktober bis 20. Dezember als Frostwechseltage am Boden; der Abtrag in dieser Zeit war 10mal so groß als während der Sommermonate.

Bewegungsmessungen in der alpinen Stufe in 1900 und 2100 m ergaben eine Abwärtsbewegung des Bodens von etwa 4 mm pro Jahr mit Maxima bis 5,5 cm pro Jahr. An den W-exponierten und windausgesetzten Hängen geht die Bodenbewegung doppelt so rasch vor sich wie auf S-Hängen. Die Asymmetrie von S- und W-Hängen spiegelt sich auch in den Bodentemperaturminima und in der Verteilung der Solifluktionsmuster wider. Detailliertere Untersuchungen sollen die genauen Zusammenhänge zwischen Außeneinflüssen klimatischer Art, Vegetation und Bodenzusammensetzung klären.

1. Einführung

Das Untersuchungsgebiet liegt im südöstlichen Bereich der Kreuzeckgruppe an den SW-Hängen des Rottensteinertales in einer Höhenlage zwischen 1600 und 2200 m (Abb. 1). Das Erosionssystem des Lenkengrabens mit seiner fächerförmigen Verästelung der Seitenrinnen bewirkt bis in Kammnähe eine Aufgliederung der Hänge in Seitenrücken mit Spornen und dazwischenliegende Erosionsgräben. Die relativ leicht erodierbaren phyllitischen Glimmerschiefer und die große Reliefenergie von 1000 m zum Rottensteinertal haben diese Formung begünstigt. Die regelmäßige Anordnung des Flußnetzes ist auf die im Großen gegebene Homogenität des Altkristallins zurückzuführen. Die Hänge sind etwa gleichmäßig steil mit Neigungen von 30 bis 37 Grad; sie biegen ab ca. 2000 m im Bereich einiger Rücken konvex unter geringerem Winkel zurück. Außer in der Nähe der Tiefenlinien sind die Hänge als ausgesprochene Glatthänge oberhalb der Waldgrenze zu bezeichnen; das Mikrorelief ist allerdings sehr differenziert nach Höhenlage und Exposition (Abb. 6).

Im Verlaufe der bisherigen Untersuchungen [7, 8, 9] bildeten sich folgende Schwerpunkte: a) Morphodynamik der Plaiken, b) Bodenbewegungsmessungen, c) Klimatologische Beobachtungen.

2. Plaiken

Unter Plaiken werden hier vegetationsarme Denudationshohlformen im anstehenden Gestein verstanden [4, 6]. Sie sind nischenförmig in den Hang eingetieft und weisen eine scharfe Umgrenzung von hufeisenförmiger Gestalt, ähnlich wie bei Rutschungen, auf. In ihnen spielen sich intensive Abtragserscheinungen ab, so daß sich kaum Vegetation ansiedeln kann (Abb. 4 und 5). Häufig sind sie entlang sich rasch eintiefender Bäche angeordnet. Die Ursachen ihrer Bildungen liegen in übersteilen Hängen und Unterschneidung durch die Bäche. Auf Grund von Profilvermessungen und Beobachtungen ergab sich, daß Plaiken an Konvexitäten ansetzen um ein übersteiles Gefälle unterhalb des Hangknicks durch rückschreitende Denudation auszugleichen.

Im Untersuchungsgebiet schnitten sich die Bäche (Abb. 1) in ein ursprüngliches Grabenquerprofil von maximal 37° Seitenhangneigung um mehrere Meter ein (Abb. 2). Die Denudation der gesamten Seitenhänge konnte diesem raschen Prozeß der voraneilenden Tiefenerosion nicht schritthalten. Infolge zu geringer Stabilität der Gesteine (Glimmerschiefer und Phyllite), die zu Hakenwerfen an den Hängen mit bergwärts einfallenden s-Flächen neigen, kam es an den Steilstellen nahe der Bäche, vor allem an den durch die Gravitation aufgelockerten oberen Felsbereichen zur Ausbildung dieser offenen Denudationserscheinungen. Hier bewirken Frostverwitterung, Abbröckeln, Abspülung und teils auch kleine Bodenrutschungen einen dauernden Abtransport von Partikeln größerer und kleinerer Dimension, welche sich haldenförmig ablagern und schließlich durch den Bach in der Tiefenlinie weitertransportiert werden.

Durch diese intensiven Denudationsprozesse rückt die Steilböschung unter Verringerung ihres Höhenintervalls frontartig gegen das Rückgehänge vor. Vorläufer dieser rückschreitenden Denudation sind die Zonen mit Kammeissolifluktion [10], wo A-Horizont mit Rasen bereits entfernt sind und die stark von Verwitterung und Gravitationsbewegungen zerklüftete Felsoberfläche freigelegt wird, wobei auch die Abspülung eine gewisse Rolle spielt. Die Rasendecke wird immer wieder neu unterminiert und auch größere Stücke können in Art von Rutschungen abreißen. An der Steilstufe wird vor allem der Fels selbst durch die Aktivität des Spaltenfrostes angegriffen und die Kliff-Partien wanderten so langsam unter Zurücklassen eines Haldenhanges hangauf. Härt-

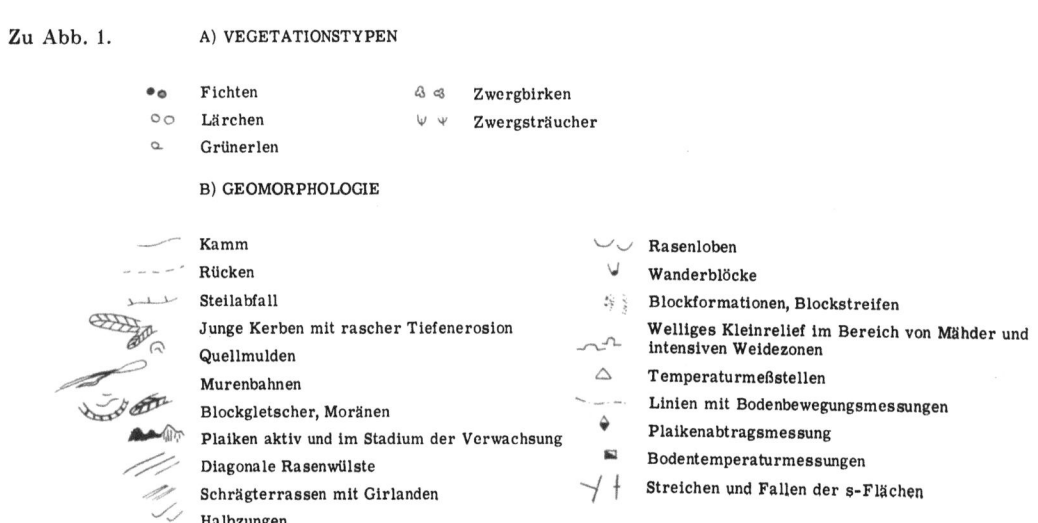

Zu Abb. 1. A) VEGETATIONSTYPEN

- Fichten
- Lärchen
- Grünerlen
- Zwergbirken
- Zwergsträucher

B) GEOMORPHOLOGIE

- Kamm
- Rücken
- Steilabfall
- Junge Kerben mit rascher Tiefenerosion
- Quellmulden
- Murenbahnen
- Blockgletscher, Moränen
- Plaiken aktiv und im Stadium der Verwachsung
- Diagonale Rasenwülste
- Schrägterrassen mit Girlanden
- Halbzungen
- Rasenloben
- Wanderblöcke
- Blockformationen, Blockstreifen
- Welliges Kleinrelief im Bereich von Mähder und intensiven Weidezonen
- Temperaturmeßstellen
- Linien mit Bodenbewegungsmessungen
- Plaikenabtragsmessung
- Bodentemperaturmessungen
- Streichen und Fallen der s-Flächen

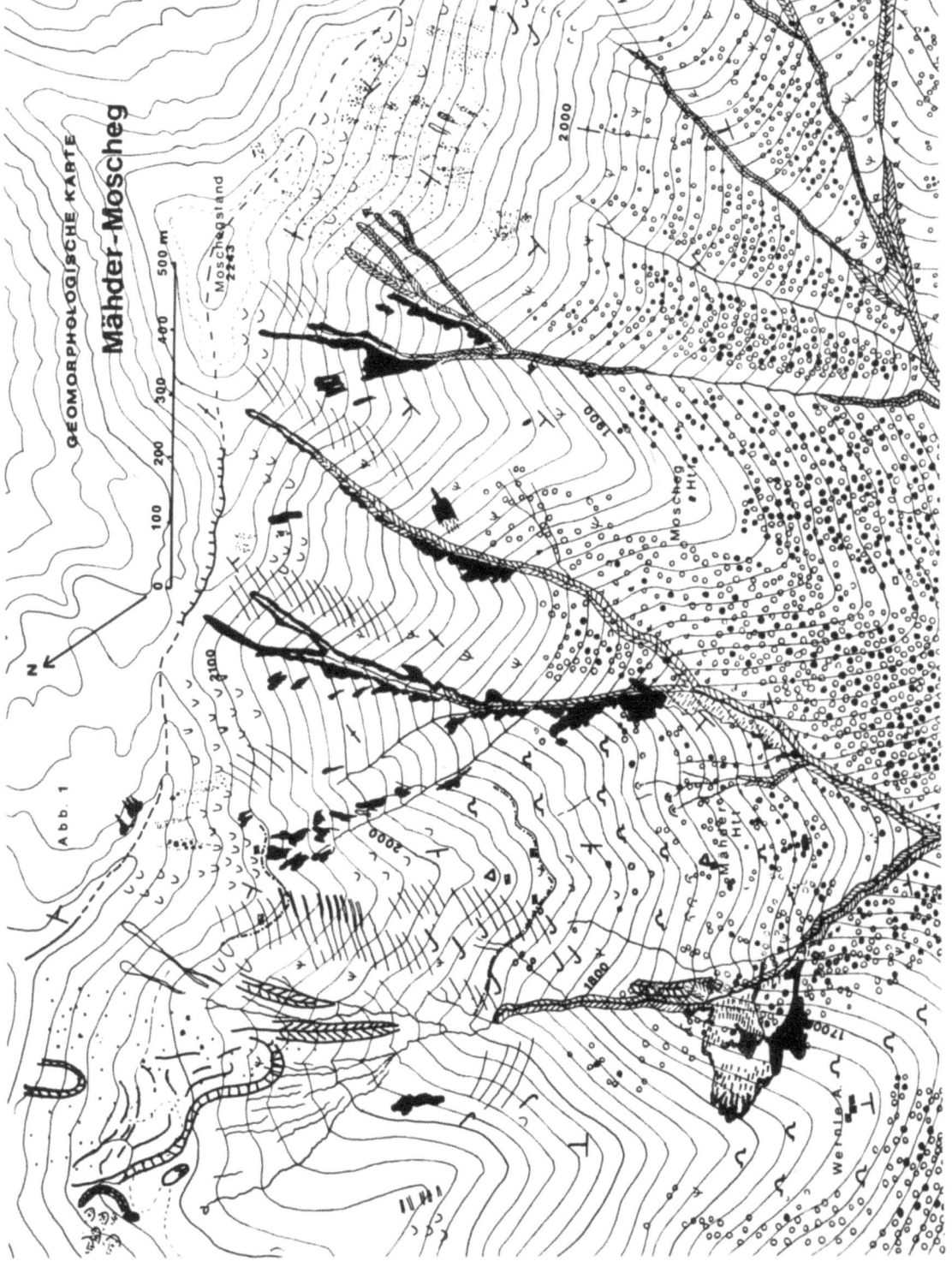

Abb. 1.

linge bilden Bastionen, entlang weicherer und zerütterter Gesteinszonen greift der Prozeß rascher um sich. Die Aktivität einer Plaike erlischt erst dann, wenn der Maximalabschnitt durch Verschneidung des Hanges darüber mit dem heraufwachsenden Haldenhang beseitigt ist. Im Untersuchungsgebiet kommt es nach maximal 150 m Höhenunterschied zum Gefällsausgleich, was einer Abschrägung auf etwa 38—40° entspricht. Erst dann kann die Vegetation die freien Schuttoberflächen wieder festigen.

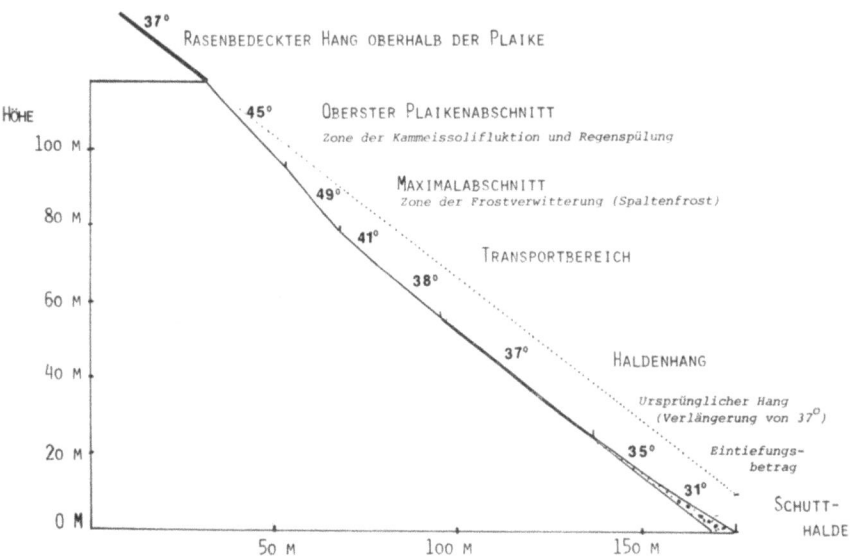

Abb. 2. Typisches Profil einer Plaike im Reifestadium (Mähder-Plaike, 1800 m).

3. Messungsergebnisse an Plaiken

Auf einer möglichst typischen Testfläche von etwa 33 m² konnte durch monatliche Bestimmung des Materialabtrags ein vorläufiges Bild vom Gang der Denudationsprozesse gewonnen werden (Tab. 1). Der Plaikenausschnitt liegt etwa 1810 m hoch in SE-Exposition. Das Material wurde mittels Auffangnetzen gesammelt und etwa jeden Monat nach Korngrößenklassen gewogen. Die Abtragsmessungen beziehen sich auf den Zeitraum von 1971/72 mit Ergänzungen aus 1973. Schwierigkeiten ergaben sich im Winter, da der Raum hinter dem Auffangnetz teils mit Schnee gefüllt war. Während der Monate Feber bis April ist daher ein unkontrollierter Materialdurchlauf denkbar. Sehr feines Material unter 2 mm Korngröße wurde nicht berücksichtigt.

Tabelle 1. Monatliche Abtragungssummen bezogen auf eine 10 m² große Plaikenoberfläche

	Jan.	Feb.	März	April	Mai	Juni	Juli	Aug.	Sept.	Okt.	Nov.	Dez.	Jahr
Abtrag in kg	7,64	6,90	8,71	14,33	25,86	4,75	3,61	2,85	5,04	10,31	27,78	45,46	163,25
%	4,7	4,3	5,4	8,8	15,8	2,9	2,2	1,7	3,1	6,3	17,0	27,8	100,0

Aus der Verteilung der Abtragsmengen in den einzelnen Monaten ergeben sich zwei Minima und zwei Maxima des Abtrags. Im Jänner und Feber ruht der Abtrag weitgehend bedingt durch die mehr oder weniger geschlossene Schneedecke. Im Frühjahr kommt es durch starke Wirkung des Spaltenfrostes im Zusammenhang mit Schneeschmelze und regem Wechsel zwischen Gefrornis und Auftauen (starke Sonneneinstrahlung) zu einer Abtragsspitze. Im Sommer zeigt sich ein ausgesprochenes Minimum des Abtrags; trotz starker Gewitterregen wird kein hoher Abtrag erreicht. Die sehr feinen Fraktionen bleiben allerdings dabei unberücksichtigt. Auch muß berücksichtigt werden, daß in den tieferen Plaikenabschnitten durch Sammlung der Gerinne und Steigerung der Abflußmengen auch der Materialabtransport größer sein wird. Die Plaiken überziehen sich im Sommer mit einem dichten System von Regenrinnen und auch Miniaturmurenkanälen.

In den Monaten November und Dezember kommt es zum Maximum der Abtragswerte. Zweijährige Temperaturregistrierungen[1] in der Höhe von 1720 m ergaben für die Zeit vom 20. Oktober bis 20. Dezember durchschnittlich 33,5 Frostwechseltage der Lufttemperatur, 14 Eistage und 12,5 frostfreie Tage. Rechnet man zu den Frostwechseltagen am Boden noch jene frostfreien Tage mit Schönwetter-Tagesamplitude und Minima nahe 0° sowie jene Eistage mit ausgeprägter strahlungsbedingter Tagesamplitude, wobei die Maxima der Lufttemperatur — 5° C erreichen oder überschreiten noch dazu, so ergibt sich für 60 Beobachtungstage durchschnittlich eine Anzahl von 48 Frostwechseltagen an der Bodenoberfläche. Zwischen 20. Oktober und 20. Dezember sind also 80% aller Tage Frostwechseltage an der Bodenoberfläche. Dieser Prozentsatz dürfte sich von Jahr zu Jahr nur geringfügig etwa im Rahmen von 10% ändern. Dagegen kann die Zahl der frostfreien Tage und der Eistage von Jahr zu Jahr sehr verschieden groß sein. Im erwähnten Zeitraum gab es 1972 10 Eistage und 18 frostfreie Tage der Lufttemperatur, 1973 18 Eistage und nur 7 frostfreie Tage. Daraus ergibt sich, daß bei Vorhandensein genügender Feuchtigkeit im Boden und in der angewitterten Gesteinsoberfläche infolge Regen oder Schneeschmelze zu etwa 80% der Tage Kammeissolifluktion und Spaltenfrost wirksam aktiv sind. Bei Trockenperioden kann allerdings trotz häufigen Frostwechsels nur geringer Abtrag erzielt werden. Zum Beispiel belief sich der Abtrag auf 10 m² Plaikenfläche in der Zeit vom 19.—24. November 1973 trotz täglichen Frostwechsels nur auf 0,27 kg in 6 Tagen. Dies entspricht einer Aktivität der Plaike wie sie zur Zeit des geringsten Abtrags, im August herrscht.

Selbstverständlich dürfte die monatliche Verteilung der Abtragswerte von Jahr zu Jahr stärker schwanken. Bei frühzeitigen hohen Schneelagen liegt die Abtragsspitze schon im November; ebenso liegen die Verhältnisse im Frühjahr. Insgesamt ist aber in den Monaten März bis Mai und ab Ende Oktober bis Dezember mit 5- bis 10fach so hohen Abtragssummen zu rechnen als während der Sommermonate von Juni bis September, was sicherlich auf die Auswirkungen des Frostwechsels zurückzuführen ist. Starkniederschläge scheinen nur eine geringe Rolle zu spielen.

Hinsichtlich der Korngrößenverteilung der Abtragsmassen (Tab. 2) ergeben sich ebenfalls für einzelne Jahreszeiten charakteristische Bilder. Während der Zeiten des maximalen Abtrags liegen Steine mit Abmessungen zwischen 63 und 200 mm an der Spitze der Akkumulation. Dieses Kurvenbild prägt natürlich die Korngrößenverteilung des gesamten Jahresabtrags. Im Monat Mai liegt die Spitze bei Gesteinstrümmern über 20 cm Größe. Durch die Abtauvorgänge scheinen sich im Frühjahr besonders große Blöcke zu lösen. Im Sommer werden nur wenig grobe Fraktionen abtransportiert; es zeigt sich, bedingt durch die vergrößerte Wirkung der Abspülung, ein etwas höherer Wert bei den feinen Korngrößen.

---

[1] Die Temperaturen wurden mit einem Thermoscript aufgezeichnet, der mir freundlicherweise vom Geographischen Institut der Universität Salzburg zur Verfügung gestellt wurde.

Tabelle 2. Korngrößenverteilung von Abtragswerten auf einen 10 m² großen Plaikenabschnitt bezogen

	Summe	unter 20 mm	20–63 mm	63–200 mm	über 200 mm
Jahr	163,25 kg	*13,46 kg*	30,67 kg	**62,28 kg**	56,84 kg
Mai	25,87	0,78	2,49	5,46	17,14
August	2,85	**1,21**	0,68	0,62	*0,33*
Dezember	45,45	*3,14*	8,55	**19,33**	14,42

Die Denudationsvorgänge dürften sich auf lange Sicht, abgesehen von Momentanereignissen (Rutschungen und kleine Felsstürze), ziemlich gleichmäßig vollziehen. Vorsichtige Extrapolationen sind daher möglich. Bei 16 kg/m² Jahresabtrag würde sich in den aktiven Plaikenzonen (Maximalabschnitt und Zone darüber) bereits in 60 Jahren ein Abtrag von 1 Tonne pro m² ergeben. Die Plaiken wachsen also ziemlich rasch nach der Tiefe und nach oben, so daß in wenigen 100 Jahren schon Reifestadien erreicht werden können. Dieser Sachverhalt wird an manchen Stellen auch durch verschiedene Generationen von Almwegen und Steigen gezeigt, welche immer wieder höher angelegt wurden, um der hinaufwachsenden Plaike auszuweichen. Innerhalb dieses Forschungsbereichs stellen sich folgende weitere Aufgaben:

a) Korrelation der Denudationsvorgänge mit Temperaturverlauf, Bodentemperaturen, Bodenfeuchte, Strahlungshaushalt und Niederschlag.

b) Frage der Bedeutung der raschen Hangabschrägung für die Hangformung im Bereich eines Erosionstrichters. Erstellung von Modellen für die Hangzerschneidung.

c) Untersuchung der Bedeutung anthropogener Einflüsse wie Entwaldung, Beweidung für die Entwicklung der Plaiken.

4. Messungsergebnisse bei Bodenbewegungen an Glatthängen der alpinen Stufe

Ziel der Untersuchungen sind Aufschlüsse über die Geschwindigkeit der Abwärtsbewegung der Verwitterungs- und Bodendecke in verschiedenen Expositionen, Höhen und Hangneigungen und bei verschiedenen Solifluktionsformen, Boden- und Klimaverhältnissen. In Höhenlagen zwischen 1900 und 2200 m befinden sich ausgedehnte Glatthänge mit einem sehr abwechslungsreichen Mikrorelief von Solifluktionsformen (Abb. 1 und 6). Auf den Rückenzonen liegen Raster von Schrägterrassen [1], mit Rasengirlanden, mit Übergängen, hangabwärts zu Halbzungen [5]. Daneben werden fast sämtliche Hänge oberhalb 1900 m von isohypsenparallelen Rasenterrassetten überzogen. Wanderblöcke treten bereits ab 1600 m auf, gehäuft kommen sie zwischen 2000 und 2200 m vor. An S-Hängen ist das Muster der Solifluktionsformen anders geartet als an W-Hängen. Hier fehlen Diagonalgirlanden und Halbzungen und erst in Lagen oberhalb 2100 m kommen Rasenloben vor. Unterhalb dieser Höhe sind die Hänge wellig buckelig. Ähnlich wie bei Untersuchungen an einzelnen Solifluktionsformen wie Erdströmen [3] laufen hier seit zwei Jahren Messungen an verschiedenen Solifluktionsformen und auch an Stellen ohne auffällige Solifluktionsformen. Dabei soll geklärt werden, ob Solifluktion nur dann vorkommt, wenn sie mikromorphologisch sichtbar ist; weiters sollen durch eine große Zahl von Meßpunkten Ungenauigkeiten und Zufallsmessungen ausgeglichen werden und möglichst für eine gesamte Hangfläche repräsentative Aussagen gemacht werden.

Entlang der Höhenlinien von 1900 und 2100 m wurden insgesamt 56 Sonden mit je drei Meßverfahren eingepflanzt [9]. Mittels Stahldrähten, die im Untergrund befestigt sind, Eisenstäben und Aluminiumröhrchen soll bei jedem Meßpunkt die Frosthebung, die Abwärtsbewegung und die Tiefe der Bewegung festgestellt werden. Durch das Abwandern der Verwitterungsdecke muß sich das Drahtende in den Boden zurückziehen (Messung pro Jahr ab der Öse der Bodensonde). Der Winkel der biegsamen Stäbe im Boden wird an der Oberfläche geringer; der Knick in der Tiefe, der erst nach 5 Jahren zwecks exakter Feststellung der Deformation gemessen werden soll, zeigt die Tiefe und Art der Bewegungsbahn.

Tabelle 3. Ergebnisse zweijähriger Messungen mittels 56 Sonden. Bewegungsbetrag in mm für zwei Jahre mittels A) Drähten, B) 20-cm-Röhrchen, C) Eisenstäben mit angenommener Bewegung ab 30 cm Tiefe

		1971/72	1972/73	1971—1973
1900 m	A)	4,375	4,103	8,125
	B)	3,940	3,300	6,000
	C)	5,570	5,620	9,520
	Mittel	4,628	4,341	7,881
2100 m	A)	3,714	4,157	7,591
	B)	4,950	3,860	6,870
	C)	9,040	4,430	11,450
	Mittel	5,901	4,149	8,637

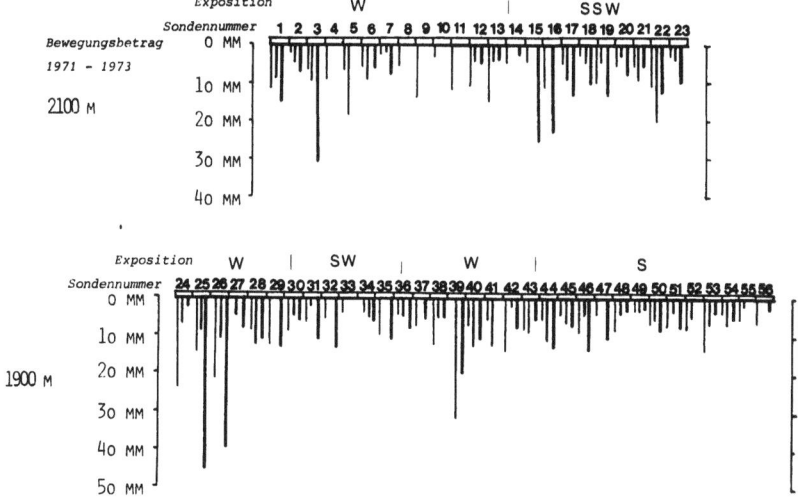

Abb. 3. Schematische Darstellung der Bewegungssonden im Bereich Mähder in 1900 m und 2100 m. Die drei Linienlängen pro Sonde für Messung mittels Drähten (1. Linie), Röhrchen (2. Linie) und Eisenstäben (3. Linie) stellen graphisch die ermittelten Abwärtsbeträge der Bodenbewegung von 1971—1973 dar.

Tab. 3 und Abb. 3 zeigen die Ergebnisse getrennt nach drei Meßverfahren. Mit Hilfe der Drähte ergibt sich nicht die gesamte Länge der Abwärtsbewegung, da der Draht sich diagonal in den Boden zurückzieht; nur bei einer scharfen Grenze zwischen bewegter und unbewegter Schicht kann der gesamte Abwärtsbetrag gemessen werden. Noch niedriger liegen im Durchschnitt die Ergebnisse aus den 20-cm-Röhrchen. Hier müssen die Beträge dann zu gering sein, wenn die Tiefe der bewegten Schicht mächtiger als 20 cm ist, was meistens zutrifft. Es ergibt sich also hier nur ein Relativbetrag rascherer Bewegung im Vergleich zur unterhalb liegenden Materialschicht. Auf Grund der Knickung der Stäbchen ab einer gewissen Tiefe könnte erst individuell für jeden Meßpunkt die Tiefe der Bewegung festgestellt und somit der Materialdurchgang ausgerechnet werden. An einer Stelle mit besonders großem Meßwert von 8° Winkelunterschied in zwei Jahren ergab sich eine Tiefe der Bewegung von 75 cm. Dies ergibt einen Abwärtsbetrag von 5,5 cm/Jahr für die oberste Schicht im Verhältnis zur Basis. Die Bewegungsdiskontinuität dürfte im Durchschnitt allerdings nicht so tief liegen. Nimmt man eine 30 cm tiefe Bewegung an, so ergeben sich mit Hilfe der Eisenstäbe Werte, die weit höher liegen als die anders ermittelten.

Abb. 4. Mähder-Plaiken. Der Bach hat sein Bett rasch um mehrere Meter tiefergelegt. Die dadurch entstandene Steilböschung in seinem Nahbereich war der Anlaß für die Entwicklung der Plaiken in den wenig stabilen phyllitischen Glimmerschiefern. Die Aktivität der Plaiken dauert so lange an bis eine Hangabschrägung auf mindestens 38–40° erreicht ist. Der Verlauf des alten Hanges läßt sich an Hand von Resthangstücken auf Härtlingen (im Bild rechts) leicht rekonstruieren. Seine Neigung beträgt 35–37°. Aufnahme E. Stocker, Nov. 1973.

Tab. 3 zeigt für 1971/72 durchwegs etwas raschere Hangbewegung als für das Folgejahr. Eine exakte Begründung kann nicht gegeben werden, doch dürften Unterschiede in der Bodenfeuchte vor Eintritt der Bodengefrornis maßgebend gewesen sein. Im Winter 1972/73 waren die Hänge während der meisten Zeit aper, was ein tiefes Eindringen des Frostes ermöglichte (Bodentemperaturen in 10 cm Tiefe bis — 14,5° C); erst im Frühjahr kam es zu größeren Schneefällen und anschließend zu einer starken Durchtränkung des Oberbodens. Die starke Bodengefrornis bewirkte lokal Hebungen des Bodens bis 20 cm, was sich in einem Herausragen der Eisenstäbe aus dem Boden im Sommer bemerkbar machte. Trotz dieser Frosteinwirkung kam es zu durchschnittlich geringeren Bewegungswerten in diesem Jahr, was nur durch eine allgemein geringere Bodenfeuchtigkeit im Herbst erklärt werden kann.

In 2100 m verläuft die Bodenbewegung trotz um ca. 10° flacherer Hänge durchschnittlich etwas rascher als in 1900 m, wo auch schon weniger Solifluktionsformen zu finden sind.

Abb. 5. Ansatzstellen der Plaiken. Der oberste Plaikenabschnitt stellt nur an manchen Stellen den felsigen Abschnitt mit maximaler Hangneigung dar (wie im Mittelgrund der Aufnahme). Häufig liegen oberhalb der felsigen Steilstellen Flächen, wo nur der A-Horizont und der Rasen entfernt ist. Vor allem an den von der Bodenfeuchte betroffenen Randbereichen wirkt die Kammeissolifluktion intensiv und verursacht durch Unterschneidung ein Abbrechen weiterer Rasenstücke; durch Abspülung wird der feinere Verwitterungsboden beseitigt.

Abb. 6. Hänge im Bereich Mähder Moscheg oberhalb 2000 m. Die Hänge sind in Mulden und steile Hangrücken gegliedert. Oberhalb der Rinnenenden erstrecken sich Glatthänge mit verschiedenartigen Solifluktionsmustern. Man erkennt isohypsenparallele Rasenterrassetten mit Übergängen zu Rasenlobenstrukturen. Diagonal dazu verlaufen Rasengirlanden mit größerer Amplitude und schräg hangabwärts verlaufende Rasenwülste mit Halbzungen als Übergangsformen zu den Rasenloben. Die diagonalen Rasenstreifen sind nur asymmetrisch an den w-exponierten Flanken der Seitenrücken angeordnet.

Abb. 3 zeigt auch ein verschieden rasches Abwandern der Verwitterungsdecke von Sonde zu Sonde und von Hang zu Hang. Stellt man 16 Meßergebnisse von S-Hängen 16 Messungen von W-Hängen gegenüber (Tab. 4), so erkennt man allgemein auf den W-Hängen eine doppelt so rasche Abwärtsbewegung als auf den S-Hängen.

Tabelle 4. Ergebnisse zweijähriger Bewegungsmessungen an S- und W-Hängen (1971—1973). A) Bewegungsmessung in mm mittels Drähten, B) Bewegungsmessung mittels 20-cm-Röhrchen, C) Bewegungsmessung mittels Eisenstäben mit angenommener Tiefe der Bewegung von 30 cm

	16 Sonden S-Expos.	16 Sonden W-Expos.
A)	6,2	10,8
B)	4,2	9,2
C)	7,3	14,4
Mittel	5,9	11,5

Auch hier steht eine präzise Ausführung der bewegungsfördernden Umstände in W-Exposition noch aus, doch zeigen sich auch starke Unterschiede in den Bodentemperaturminima zwischen den beiden Expositionen. So wurden 1971/72 in S-Exposition Minima von + 1° C in 10 cm Bodentiefe verzeichnet, in W-Exposition — 8,5° C in 2100 m und — 7° C in 1900 m; 1972/73 lauten die entsprechenden Werte in S-Exposition — 4 und — 3° C in W-Exposition — 14,5 und — 13° C. Die bei NW-Wetterlagen auftretenden stürmischen N- und NW-Winde wehen den Schnee bis in Lagen von 1900 m von Rücken und auch von Hängen ab, so daß die tiefen Temperaturen in den Boden eindringen können. Die Bodenfeuchte erhält sich anscheinend auf diesen Hängen im Herbst ebenfalls besser, da die Einstrahlung weit geringer ist als auf S-Hängen; damit ist die Bodenhebung bei Gefrornis um ein Vielfaches größer, was auch einen etwa doppelt so raschen Abwärtsbetrag an Bewegung ergibt.

Offene Fragestellungen:

a) Genaue Messungen der Bodenfeuchte, die sehr wichtig für die Solifluktion zu sein scheint [2], und des Ganges der Bodentemperatur an verschiedenen Hängen zur Feststellung von Frostwechsel im Boden, Tiefe der Gefrornis und Art des Auftauvorganges [11].

b) Registrierung der Windverhältnisse, der Schnee- und Ausaperungsverhältnisse und des Einflusses der Vegetation im Zusammenhang mit Messungen des Strahlenhaushaltes.

c) Klärung der Bedeutung der Beweidung für die Entstehung der Rasenterrassetten und die Förderung der Solifluktion durch Abweiden und Viehtritt.

Literatur

[1] Büdel, J.: Die Klimamorphologischen Zonen der Polarländer. Erdkunde II, 22—53 (1948).
[2] Fitze, P.: Messungen von Bodenbewegungen auf West-Spitzbergen. Geogr. Helv. 26, 148—152 (1971).
[3] Furrer, G.: Bewegungsmessungen auf Solifluktionsdecken. Z. Geom. N. F. Suppl. Bd. 13, 87—101 (1972).
[4] Götzinger, G.: Beiträge zur Entstehung der Bergrückenformen. Geogr. Abh. 9, 1907.
[5] Höllermann, P. W.: Rezente Verwitterung, Abtragung und Formenschatz in den Zentralalpen am Beispiel des oberen Suldentals (Ortlergruppe). Z. Geom. N. F. Suppl. Bd. 4, 257 S. (1964).

[6] Stiny, J.: Die Muren. Versuch einer Monographie mit besonderer Berücksichtigung der Verhältnisse in den Tiroler Alpen. Innsbruck 1910.

[7] Stocker, E.: Hanguntersuchungen in der Kreuzeckgruppe (Kärnten). 166 S., Wien 1971.

[8] Stocker, E.: Plaiken — Erscheinungsbilder rascher Hangentwicklung. Mitt. Naturwiss. Ver. Stmk. **101**, 163—174 (1971).

[9] Stocker, E.: Bewegungsmessungen und Studien an Schrägterrassen an einem Hangausschnitt in der Kreuzeckgruppe (Kärnten). Arb. Geogr. Inst. d. Univ. Salzburg, Bd. **3**, 193—203 (1973).

[10] Troll, C.: Rasenabschälung (Turf Exfoliation) als periglaziales Phänomen der subpolaren Zonen und der Hochgebirge. Z. Geom. Suppl. **17**, 1—32 (1973).

[11] Vorndran, G.: Kryopedologische Untersuchungen mit Hilfe von Bodentemperaturmessungen (an einem zonalen Strukturbodenvorkommen in der Silvrettagruppe). Münchner Geogr. Abh. **6**, 70 S. (1972).

Berichte über klimatische Studien in Gebirgen aller Erdteile

Von Friedrich Lauscher, Wien

Die Jahresberichte des Sonnblick-Vereines erfüllten seit ihrer Gründung im Jahre 1893 eine dreifache Funktion. An erster Stelle stand natürlich die laufende Berichterstattung über die Höhenstationen des Vereins und deren Resultate, sowie über die Vereinsgeschichte. Zweitens wurden, beginnend mit dem 1894 erschienenen Artikel J. Elster und H. Geitel: Elektrische Beobachtungen auf dem Sonnblick, wissenschaftliche Abhandlungen gebracht. Drittens aber war es das Bestreben der Redaktion, möglichst oft auch Überblicke über die Gründung von Höhenstationen in allen Kontinenten und die Ergebnisse von Forschungen zur Meteorologie der Gebirge zu bieten. Bis zu seinem Tod im Jahre 1915 hatte der Sonnblick-Verein für dieses dritte Sachgebiet einen ständigen ehrenamtlichen Referenten in dem k. u. k. Generalmajor Albert, Edlem von Obermayer. Nachher gelang es immer wieder, Originalberichte hervorragender Gelehrter über Neugründungen, den Betrieb und die Arbeiten an Bergstationen zu bringen. Mit Genuß und Gewinn nimmt man heute noch die ganze Reihe der Jahresberichte des Sonnblick-Vereines zur Hand.

Von 1939 bis 1949 war die Reihe aus zeitbedingten Gründen unterbrochen. Seit 1950 sind sechs ausländische Kollegen zu Beiträgen über Bergstationen gebeten worden: M. de Quervain (Schweizerisches Institut für Schnee- und Lawinenforschung Weißfluhjoch/Davos), F. Prohaska (Höhenstationen Argentiniens), J. C. Pales und S. Price (Mauna-Loa-Observatorium auf Hawaii), H. Pleiß (Fichtelberg) und R. Garcia (Pic du Midi).

1966 gab der Verfasser einen Überblick über 207 ihm bekannt gewordene Höhenstationen. Von diesen lagen 72 in Europa, 52 in Nordamerika, 41 in Südamerika, 16 in Afrika, 22 in Asien und 4 in der Antarktis. Die höchste Station war El Misti, 5850 m, Peru. Damals und auch 1973 wurden einige Klimadaten einer Auswahl der Hochstationen bekanntgegeben.

Dem Verfasser war und ist bewußt, daß es bei der explosiven Entwicklung der Meteorologie und insbesondere auch ihrer Anwendungen schwer geworden ist, wirklich umfassende Überblicke zu geben. Mögen daher die nachfolgenden Referate über 18, aus allen Erdteilen stammende Studien zur Gebirgsmeteorologie nur als Stichproben gewertet werden.

Kanada: [1, 2]

Im Oberlauf des North Saskatchewan River, 100 km nordwestlich von Banff, Alberta, befindet sich das 244 km² große Mistaya Basin mit Höhen zwischen 1625 und 3290 m und einer Mittelhöhe von 2240 m. Auf 33 Meßstrecken in Höhen bis 2729 m wurde und wird der maximale Wassergehalt der Schneedecke, der etwa Ende April erreicht wird, gemessen [1]. Der höchste Mittelwert eines Meßgebietes war 186 cm, das Gesamtmittel aller Messungen 54 cm. Eine Regressionsanalyse brachte keinerlei Beziehung zur Bewaldung und zum Azimut der Hänge. Hingegen ist in schneeärmeren Wintern die Ansammlung an sehr steilen Hängen vermindert. Am deutlichsten kommt die beträchtliche Zunahme des Wassergehalts mit der Seehöhe heraus: Sie ist in allen Jahren etwa proportional der Seehöhe vermindert um 1500. Erfreulicherweise gelang es, ein Meßgebiet in 2000 m Höhe zu finden, dessen Wasserwert etwa der Hälfte des integralen Mittelwerts für das ganze Einzugsgebiet entspricht (Faktoren in den Einzeljahren zwischen 1,6 und 2,1).

In [2] wird über Niederschlagsstudien in fünf gebirgigen Versuchsgebieten berichtet: „Mountain Transects" auf der Vancouver Island mit Höhen zwischen 425 und 1395 m. Auf diesen an sich mäßigen Höhen werden mitunter Schneehöhen von 6 m und mehr erreicht. Landeinwärts am Fraser River im Herzen von British Columbia wurde ein Meßnetz im Okanagan Basin in Höhen zwischen 300 und 2000 m errichtet. Der Talgrund ist bei Jahresniederschlägen um 250 mm semiarid, unter Bewässerung aber ein Fruchtgarten. Die Zunahme der Niederschläge mit der Höhe ist ganz bedeutend und mußte als quadratische Funktion der Höhendifferenz gegenüber dem Tal angesetzt werden. In gewissem Maße spielt auch der Abstand von der pazifischen Küste eine Rolle, weniger andere Faktoren, wie Hangneigung, Hangrichtung etc. Die größten Höhen erreichen die Versuchsgebiete in den kanadischen Rocky Mountains an der Westgrenze von Alberta. Im Marmot Creek Basin liegen die Meßstellen zwischen 1585 und 2805 m, im Streeter Basin zwischen 1317 und 1661 m und im Deer Creek Basin zwischen 1368 und 1702 m Höhe. Beschränken wir uns auf Hinweise auf die Ergebnisse des höchsten Versuchsfeldes, so zeigt sich dort ein erwarteter starker Einfluß der Seehöhe, aber auch ein weniger erwarteter Einfluß der Hangneigung. Allerdings ist ein Gegensatz bei verschiedenen Hangrichtungen abzulesen: Bei nach Süden schauenden Hängen nimmt der Niederschlag mit verstärkter Hangneigung zu, bei nach Osten schauenden jedoch ab.

Diese beiden referierten Arbeiten geben nur einen Teil der extensiven Bemühungen in Kanada zur Förderung hydrometeorologischer und agrarmeteorologischer Anliegen im Gebirge wieder.

USA: [3, 4, 5]

Das Institute of Arctic and Alpine Research der University of Colorado in Boulder hält seit 1952 vier Bergstationen am Ostabfall der kontinentalen Wasserscheide in Betrieb [3]: Niwot Ridge, 3750 m, Como 3048 m, Sugarloaf, 2591 m, und Ponderosa, 2195 m. Eine gut eingerichtete Station für biologische und meteorologische Forschungen befindet sich in 2900 m Höhe. Von ihr aus wurden noch zahlreiche weitere Meßstellen zeitweise eingesetzt. Zur Analyse der Daten werden auch die Radiosonde von Denver und das Höhenwindfeld nach den Isohypsen der 700-mb-Fläche herangezogen.

Auf dem Niwot Ridge beträgt das Jahresmittel der Windgeschwindigkeit 10,3 m/s. An 5% aller Tage gibt es Spitzenböen von mehr als 45 m/s. Das Jahresmittel der Lufttemperatur ist in dieser Höhe — 7,3° (Jänner und Februar — 16,2°, Juli 4,4°C). Die Niederschlagsmessung in der Höhentundrazone gelang erst, nachdem eine Windschutzanlage rings um den registrierenden Sammler errichtet worden war. Seither findet man eine beträchtliche Zunahme von den Jahressummen an den unteren Stationen (je etwa 655 mm) über 770 mm in Como, bis 1020 mm auf Niwot Ridge. (Interessanterweise wurde auf dem 19 km weiter südlich gelegenen Corona Pass, 3554 m, im Zeitraum 1907 bis 1912 eine Jahressumme von 1050 mm ermittelt.) In den höchsten Lagen fällt der meiste Niederschlag im Winter, in mittleren Höhenlagen aber — mit großen Zufallsschwankungen von Jahr zu Jahr — eher in einem der Frühjahrs- oder Sommermonate.

Die Globalstrahlung zeigt keine deutliche Zunahme mit der Höhe, lokale Wolkenbildungen spielen eine Rolle. Strahlungs- und Wärmehaushaltsstudien sowie meso- und mikroklimatische Meßreihen im Zusammenhang mit den biologischen und ökologischen Forschungen wurden zum Teil schon begonnen.

Das Bild der Höhenzirkulation im 700-mb-Niveau zeigt synoptisch-klimatologische Zusammenhänge zum Niederschlagsgeschehen, deren prognostischer Wert näher untersucht werden kann.

Im „Great Basin" [4], zwischen den Rocky Mountains und dem Kaskaden-Sierra-Nevada-Massiv, fallen nur 20% des Jahresniederschlags im Sommer und Herbst. Doch gibt es in den Gebirgen, z. B. Utahs, in der heißen Jahreszeit mitunter schwere Wolkenbrüche. Um diese zu studieren, wurden östlich von Farmington bzw. von Ephraim 14 bzw. 11 Registrierstationen in Höhen zwischen 1325 und 3095 m eingerichtet.

5207 von diesen Sonderstationen registrierte Fälle wurden zusammenfassend mathematisch analysiert. Es zeigt sich u. a., daß die meisten Wolkenbrüche in das erste Viertel eines Regenfalls fielen und daß fast immer nur ein Zeitabschnitt mit Wolkenbruch-Stärke vorkam. 11,2 mm in 10 Minuten als Erwartungswert einmal in zehn Jahren war der Wolkenbruch-Definition zugrundegelegt. Die Notwendigkeit, auf physiographische Unterschiede der Meßstellen einzugehen, wird nur angedeutet.

Im gebirgigen Westen der USA [5] gibt es rund 300 Ombrographenstationen und zusätzlich ein Netz freiwilliger Hilfsbeobachter, die in Fällen außerordentlicher Regengüsse Meßergebnisse melden. Die höchsten Stundenwerte des Niederschlags an Orten mit etwa 20jähriger Betriebsdauer erreichen etwa 75—100 mm/Stunde, also etwas mehr als der Referent für Österreich fand. Extreme Fälle waren etwa 508 mm in 3 Stunden am 30. Mai 1935 in Cherry Creek, Colorado, 292 mm in 80 Minuten am 12. August 1891 in Campo, Californien, oder etwa 210 mm in 2½ Stunden am 19. Juli 1955 auf dem 3140 m hohen Chiatovich Flat, Californien. Dieser letztgenannte Ausnahmsfall liegt außerhalb der Regel, die besagt, daß in Höhen oberhalb 1500 m die Werte der extremen Mengen deutlich abnehmen.

Isohyetenkarten extremer Fälle zeigen die sehr lokal begrenzten Ausmaße der Starkregen. Z. B. beträgt für einen Stundenregen das Flächenmittel über 1000 km^2 nur 20% des extremen „Punkt-Niederschlags", während in den Niederungen nach der Fletcher-Formel noch 49% herauskäme.

Bei den extremen Fällen herrscht flache Luftdruckverteilung ohne dominierende Isobarenbilder vor.

Europa: [6, 7, 8]

Wieder kann nur eine ganz kleine Auswahl aus der reichhaltigen Literatur folgen:

V. Ermini [6] teilt für die höchsten meteorologischen Stationen der italienischen Alpen jährliche (und monatliche) Normalwerte der Zahl der Niederschlagsstunden mit, z. B. Colle del Gigante (3450 m) 1931 Stunden, Pian Rosa (3480 m) 1835 Stunden, Monte Fraiteve (2680 m) 740 Stunden, Monte Paganella (2125 m) 826 Stunden, Passo Rolle (2004 m) 1018 Stunden. Die mittlere Niederschlagsdichte liegt um 1 mm/Stunde.

Im Flußgebiet des Kamajokk [7], einem im Gebirge Nordschwedens gelegenen Zubringer des Luleälv, liegt das durch die Arbeiten von H. Köhler seit langem bekannte Bergobservatorium Paartetjaakko, 1830 m. In neuerer Zeit wurde ein Totalisatorennetz in diesem Gebiet errichtet. Es ereigneten sich manche Störungen an den Geräten durch Wildtiere, wie Rentiere, Vögel, Insekten. Im wesentlichen aber konnten die erwünschten hydrometeorologischen Daten gewonnen werden. Es zeigt sich, besonders zu Zeiten stärkerer Niederschläge, eine deutliche Zunahme der Mengen mit der Seehöhe. In den niedrigsten Lagen des Flußgebietes scheint zusätzlich lokale Kondensation, wie Nebelnässe, eine Rolle zu spielen.

Neun von zwölf in Höhen zwischen 1255 und 1850 m gelegenen Niederschlagsmeßstellen des Sondernetzes in der Baye de Montreux [8], Südwest-Schweiz, sind mit Sammlern mit horizontaler und mit hangparalleler Auffangfläche ausgestattet. Langjährige Messungen zeigten teils sehr große, teils fast keine Unterschiede in den aufgefangenen Summen. Auf steilen, windexponierten Stellen ist allerdings der Vorzug der Sammler mit hangparalleler Auffangfläche deutlich erkennbar.

Japan: [9, 10, 11, 12]

Im Rahmen des „Heavy Snow-fall Research Programme" des National Research Center for Disaster Prevention wurden an einem Observatorium im Takinami-Gebiet oberhalb von Katsujama im Westen Mitteljapans umfassende Studien der Schneedecke durchgeführt [9]. Im Mittel nimmt die Albedo in Abhängigkeit von der Schneedichte etwa, wie folgt ab: Dichte 0,1 80%, Dichte 0,2 68%, Dichte 0,3 60%, Dichte 0,4 57%. Doch kann selbst bei noch höheren Dichtewerten die Albedo durch oberflächlichen Neuschnee auf rund 75% ansteigen. Die Lichtabsorption im Schnee ist für das von außen eindringende Licht geringer als für das von unten rückkehrende Streulicht.

In dem bis 1700 m aufragenden Takinami-Gebiet wird die Schneelage nicht nur auf sechs Versuchsprofilen studiert, sondern auch von der Luft her photogrammetrisch [10]. Hierbei wurden z. B. im Jahre 1963 Schneemächtigkeiten von bis zu 5 bis 6 m festgestellt. Die Zunahme pro 1000 m Höhenanstieg betrug 3 m. Vom gesamten Wasserwert der Schneedecke in diesem Einzugsgebiet kamen in der Hauptschmelzperiode nur rund 60% zum Abfluß. Die Autoren vermuten, daß erhebliche Beträge verdunsteten, eine Annahme, welche im allgemeinen nur selten vertreten wird. Starker Abfluß erfolgte an Schlechtwettertagen mit Durchzug von Depressionen.

In [11] werden die Betrachtungen über den winterlichen Abfluß auf 22 Gebiete des gebirgigen Westens von Japan erweitert. Der spezifische Abfluß in m³/s 100 km² erweist sich als von der Größe der Einzugsgebiete unabhängig. Er ist jedoch in der Größenordnung stark verschieden in schneearmen Gebieten (Werte um 1) und in schneereichen Gebieten (Werte zwischen 3 und 7). Wärmehaushaltsstudien zeigen, daß die Erwärmung vom Boden her für den winterlichen Abfluß von einer schneebedeckten Landschaft von ausschlaggebender Bedeutung ist. Ihr sollte mehr Aufmerksamkeit gewidmet werden.

Auch durch Befragung Ortsansässiger können Karten der Schneemächtigkeit zustande gebracht werden, was versuchsweise in den Gebirgen westlich von Sendai erprobt wurde [12]. Dabei wurden die größten Schneemächtigkeiten nicht im Lee der Pässe, sondern unmittelbar im Lee der mächtigsten Erhebungen gefunden.

Formosa: [13]

Taiwan (Formosa) ist fast halb so groß wie Österreich. Sein höchster Gipfel, der Hsiukuluan Shan ragt 3833 m auf. Die mittlere Jahresniederschlagshöhe der Insel beträgt 2340 mm. Von den 1294 Niederschlagsmeßstellen des Landes liegen 77 in Höhen zwischen 1 und 2 km, 39 zwischen 2 und 3 km und 6 darüber. Die Hochgebirgsregion über 2000 m nimmt 11% der Gesamtfläche ein. Die Niederschlagsverteilung hängt sehr von der Lage zu den Zugbahnen der Taifune ab, deren sieben unterschieden und beschrieben werden. Der höchste Jahresniederschlag, 5368 mm wurde für den 1000 m hohen Ort Tayuanshan an der Ostseite des Zentralgebirges errechnet.

Für die höchste Meßstelle, Yushan an der Westseite dieses Gebirges in 3850 (?) m Höhe wird ein gemessener Niederschlag von durchschnittlich 2939 mm im Jahr berichtet. Schneefall spielt in Taiwan nur in Höhen über 3000 m eine gewisse Rolle. Die mittlere Höhe der Nullgradgrenze liegt im Jänner in etwa 3400 m Höhe.

Pakistan: [14]

Seit 1961 bemüht man sich, die hydrometeorologischen Verhältnisse im gebirgigen Oberlauf des Indus besser zu erforschen. An sich gibt es in den flacheren Teilen Pakistans meteorologische Beobachtungen schon seit 1844. In der Gebirgszone des Staates gibt es 311 Stellen mit Messungen und darunter 47 mit Registrierung der Niederschläge, aber die 4- bis 10fache Zahl wäre nötig, um die komplizierten Verhältnisse zu klären; spielt doch nicht nur die Seehöhe, sondern auch die Abschirmung durch Bergzüge (Barrieren) eine Rolle. Auch 4 registrierende Schneewaagen stehen in Betrieb und an 79 Stellen wird die Höhe und der Wasserwert der Schneedecke gemessen. Oberhalb rund 3500 m sind Meßdaten kaum zu erwarten, da das Hochgebirge fast unbesiedelt und sehr schwer zugänglich ist.

Als Beispiel für die Methodik der Elevation-Barrier-Precipitation-Diagramme ist das Blatt für die Normalwerte aus 1931—1960 der Sommermonsun-Monate Juni bis Oktober abgedruckt. In diesem ist Abszisse die Niederschlagshöhe (0—50 inches, 0—1270 mm), Ordinate die Seehöhe (0—20 000 Fuß, 0—6096 m) und Parameter der einzelnen Kurven die effektive Höhe der abschirmenden Barrieren in der Einheit 1000 Fuß (305 m).

Das Diagramm ist hochinteressant. Ihm entnimmt man z. B., daß die Zunahme des Niederschlags mit der Höhe bis zu Barrierhöhen von 5000 Fuß (1524 m) am stärksten ist, hinter noch höheren Barrieren aber immer schwächer und schwächer wird. Ein Ort in 5000 Fuß empfängt — nicht stärker abgeschirmt — eine Normalmenge von 43 inches (1092 mm), hinter einem 10 000 Fuß (3048 m) hohen Gebirge nur noch 12 inches (305 mm).

Kamerun: [15]

Debunscha an der Küste des Golfs von Guinea im tropischen Afrika ist seit der Zeit der deutschen Kolonialherrschaft als einer der regenreichsten Orte der Erde bekannt. Zur Zeit sind 38 Beobachtungsjahre vorliegend. Sie erbringen eine mittlere Jahresniederschlagshöhe von 9906 mm. Debunscha liegt am Fuß des riesigen Kamerunberges, dessen Gipfel Fako 45 km nordöstlich auf eine Höhe von 4095 m aufragt. Seit 1966 bemüht man sich, Jahrestotalisatoren, die natürlich besonders großes Fassungsvermögen besitzen müssen, aufzustellen. Vorläufige Werte für ein Gerät in 1000 m Höhe sind um 9 m pro Jahr gelegen, in 4000 m um 2 m. Auch das Vegetationsbild spricht dafür, daß die Niederschlagshöhe nur bis rund 1800 m über dem Meer zunimmt oder noch etwa gleich ist wie in Debunscha am luvseitigen Fuß des Gebirges. Auch an der Küste selbst nimmt der Niederschlag nach Norden und nach Südosten zu relativ rasch auf Höhen um 4 m pro Jahr ab. Östlich des Kamerunberges sind die Jahreswerte ungefähr gleich hoch wie auf dem Gipfelplateau.

Es scheint also die stärksten Vertikalströmungen bereits am küstennahen Fuß des Massivs zu geben.

Südafrika: [16]

Eine rechnerische Analyse der Jahresnormalwerte des Niederschlags von 500 Stationen ergab folgendes: In allen Teilgebieten Südafrikas nimmt der Niederschlag mit der Höhe zu, im trockenen Inneren von etwa 100 bis 200 mm in den niedrigsten Lagen auf rund 500 mm in 1500 m Höhe. Im feuchteren Südwestzipfel Afrikas, verdoppelt sich der Niederschlag von 600 mm an der Küste auf 1200 mm in 1000 m. Hiezu kommt Nebelnässe in Gipfelhauben.

Der Einfluß der Kontinentalität ist in der letztgenannten Zone geringer als im Inneren des Landes, wo er bei gleicher Seehöhe den Jahresniederschlag noch um $\frac{1}{4}$ bis $\frac{1}{3}$ beeinflußt. Zusätzlich wurden Einflüsse der örtlichen Lage der Meßorte ausgearbeitet, wie Hangrichtung, Lage auf einem Gipfel, in einem Tal, an der Küste. Diese örtlichen Korrekturen sind nicht unbedeutend. Sie bewegen sich im Inneren zwischen — 50 und + 150 mm im Jahr, in den Küstenbergländern sogar zwischen — 200 und + 320 mm. Talorte — wie sie in den meisten Gebirgsländern der Erde als Meßpunkte überwiegen — haben durchwegs negative Abweichungen, drücken also etwa nur auf ihnen basierende Flächenmittel des Niederschlags unter den tatsächlichen Wert herab.

Neuguinea: [17]

Der höchste Berg Australiens liegt bekanntlich auf Neuguinea. Die Carstensz-Spitze ragt auf 5030 m auf. In den letzten Jahrzehnten haben das Australian Bureau of Meteorology und die CSIRO (Commonwealth Scientific and Industrial Research Organization) zur hydrometeorologischen Erkundung der Bergländer dieser Großinsel beigetragen. Z. B. im Flußgebiet des Wahgi gibt es in rund 1600 m Seehöhe drei vieljährige Meßstellen, Mount Hagen (nicht zu verwechseln mit dem gleichnamigen 4000 m hohen Berg), Togoba und Tremearne. Der Jahresniederschlag ist dort rund 2500 mm, steigt aber gegen die Berghänge zu auf über 3000 mm an. Dies ist noch immer relativ wenig gegenüber manchen Küstenorten Neuguineas mit Jahresniederschlägen um 4 bis 6 m.

Meteorologisch ist das Wahgi-Gebiet deshalb besonders interessant, weil seine hohen Niederschläge fast ausschließlich konvektiven Ursprungs sind. Die einzelnen Zellen mit Starkregenfällen sind selten ausgedehnter als 30 km^2. Auch sind exzessive Stundenmengen spärlicher als man denken würde. 60 mm in einer Stunde, bei zweistündiger Dauer auf nur 70 mm erhöht, ist bereits ein besonderes Ereignis. Die einzelnen Regenfälle werden rasch ausgelöst, es schüttet oft, aber nicht extrem heftig.

Neuseeland: [18]

Klimatische Daten aus den Gebirgen Neuseelands waren früher nur Biologen und eventuell auch Geographen zu verdanken. Der Meteorologe bezog grundlegende Kenntnisse über die Breiten- und Höhenabhängigkeit klimatischer Elemente, sowie ihre jahreszeitlichen Schwankungen aus dem vortrefflichen Radiosondennetz (Raoul Island 31°S, Auckland 37°S, Christchurch 43°S, Chatham Island 44°S, Invercargill 47°S und Campbell Island 52°S). Z. B. sah er, daß die durchschnittliche Höhe der Nullgradgrenze im Jänner in 35°S in 4000 m lag, in 50°S in 2300 m, im Juli aber auf 2300 m in 35°S und 1000 m in 50°S absank. Ober Christchurch nimmt die mittlere Windgeschwindigkeit von rund 3 m/s am Boden auf 10 m/s in 1,5 km und 15 m/s in 3 km Höhe zu. Im 700-mb-Niveau kommen, besonders im Sommer alle Stufen der Feuchtigkeit etwa gleich oft vor, auf den Berggipfeln wird es also ebenso Zeiten großer Trockenheit wie Verhüllung durch Wolken geben.

In den letzten Jahrzehnten stieg die Zahl meteorologischer und ökologischer Arbeiten in den Gebirgen Neuseelands stark an. Über viele Untersuchungen wird berichtet, z. B. über die auf dem Mt. John ober dem Lake Tekapo im Mackenzie-Gebiet in 1050 m Höhe ab 1966 begonnenen Strahlungsmessungen. Insbesondere aber wird auf die beiden neuen, ursprünglich von Astronomen errichteten meteorologischen Bergstationen Black Birch Range und Cupola Basin in Höhen um 1500 m eingegangen.

Die Station Black Birch Range wurde im Juni 1961 von F. Bateson gegründet. Sie liegt 1396 m hoch in den Marlborough-Bergen auf 41° 45′ S und 173° 48′ E. Von dieser in der sonnigsten Zone Neuseelands gelegenen Höhe erblickt man in nicht ganz 40 km Entfernung das Meer der Cook-Straße. Im Westen und Süden wird der Platz noch von höherem Gebirgsland überragt. Cupola Basin, 1430 m hoch, im Nelson Lakes National Park, liegt zentraler, rund 90 km vom Meer entfernt, inmitten einer echt alpinen, bis zu 2100 m Höhe gipfelnden Landschaft. Diese Station wurde gemeinschaftlich von Biologen, Forstleuten und Meteorologen gegründet und setzte mit April 1963 ein.

Für Black Birch gibt es bereits eine vorläufige Tafel klimatischer Durchschnittswerte, der illustrativ folgende, in europäische Einheiten umgerechnete Daten entnommen seien:

Mitteltemperatur, °C: Jahr 5,8, Jänner 11,1, Juli 0,6. Absolutes Maximum 22,2, absolutes Minimum — 9,4. Die Bodentemperatur in 30 cm Tiefe ist im Jahresmittel um 0,3° höher als die Lufttemperatur, in 1 m Tiefe um 0,6°.

Relative Feuchtigkeit, %: Jahr 70, Jänner 64, Juli 71 (Mai 77).

Sonnenscheindauer, Stunden: Jahr 2141, Jänner 268, Juli 123.

Niederschlag, mm: Jahr 1270, Jänner 76, Juli 127; 156 Tage mit Niederschlag pro Jahr, davon 34 mit Schneefall (im Juli 8, fast in allen Monaten gelegentlich Schneefall möglich). Maximale Tagesniederschlagshöhe 124 mm am 31. Mai 1962, verursacht durch eine von Tasmanien zur Cook-Straße ziehende Depression. Schneehöhen bis zu 50 cm kommen gelegentlich vor, wobei Verwehungen bis zu 2—3 m möglich sind.

Windgeschwindigkeit, m/s: Ganzjährig etwa 6 m/s, 63 Tage mit Sturm. Erstaunlich groß angesichts der hohen Sonnenscheindauer ist die Zahl der Tage, an denen zeitweise Nebel einfällt, nämlich 178 im Jahr. Hagel gibt es in der Regel an 16 Tagen, Frost an 95, Dauerfrost an 15 Tagen im Jahr.

Für Cupola werden nur vorläufige Vergleiche mit Black Birch und anderen Stationen des meteorologischen Netzes Neuseelands angestellt. Jedenfalls steht fest, daß der Jahresniederschlag dort die bedeutende Höhe von rund 3400 mm erreichen dürfte. Auch gibt es dort mehr Schnee und die Zahl der Tage mit Schneedecke dürfte um 80 pro Jahr liegen.

Gebirgsmeteorologische Studien sind also auch auf der Gegenseite unserer Erde verheißungsvoll in Gang gebracht.

Literatur

[1] Loijens, H. S.: Snow Distribution in an Alpine Watershed of the Rocky Mountains, Canada. World Meteorol. Organization No. 326 (Distribution of Precipitation in Mountainous Areas. Geilo Symposium, Norway 1972), Vol. I, 175—183, Genf 1973.

[2] Storr, D., and H. L. Ferguson: The Distribution of Precipitation in some Mountainous Canadian Watersheds. WMO Nr. 326, Vol. II, 243—263.

[3] Barry, R. G.: A Climatological Transect on the East Slope of the Front Range, Colorado. Arctic and Alpine Research, Vol. 5, 89—110 (1973).

[4] Farmer, Eugene E., and J. E. Fletcher: Some Intra-Storm Characteristics of High-Intensity Rainfall Bursts. WMO Nr. 326, Vol. II, 525—531.

[5] Riedel, J. T., and E. Marshall-Hansen: Extreme Thunderstorm Rainfall in the Intermountain Western United States. WMO Nr. 326, Vol. II, 334—345.

[6] Ermini, V.: Signification de la durée de la précipitation neigeuse à grande altitude. WMO Nr. 326, Vol. II, 117—127.

[7] Ryden, B. E.: On the Problem of Vertical Distribution of Precipitation, especially in Areas with Great Hight Differences. WMO Nr. 326, Vol. II, 362—372 (Ergänzung in Vol. I, 184—187).

[8] Sevruk, B.: Precipitation Measurements by Means of Storage Gauges with Stereo and Horizontal Orifices in the Baye of Montreux Watershed. WMO Nr. 326, Vol. II, 86—95 (mit einer Ergänzung über Verluste durch Verdunstung auf S. 96—102).

[9] Arai, T.: On the Relationship between Albedo and the Properties of Snow Cover. Misc. Rep. of the Research Inst. for Nat. Resources, Nr. 64 12—19 (1965) (abgedruckt in Japanese Progress in Climatology, 88—95, Tokyo 1966).

[10] Arai, T., T. Nishizawa, and K. Kotoda: On the Snow Cover and Snow-Melting Runoff in the Takinami River Basin, Central Japan. Geogr. Rev. of Japan, Vol. 40, 426—444 (1967), (abgedruckt in Jap. Progr. of Clim. 1968, 101—110).

[11] Arai, T.: Hydro-Climatological Study on the Mid-Winter Runoff from the Snowy Regions in Japan. Geogr. Rev. of Japan, Vol. 41, 615—622 (1968), (abgedruckt in Jap. Progr. of Clim. 1969, 42—46).

[12] Tani, F., and H. Shitara: The Distribution of Snow Depths in the Eastern Slope of Middle Part of the Ou Mountains. Ann. Tohoku Geogr. Ass. 22, 1—5 (1970), (abgedruckt in Jap. Progr. of Clim. 1970, 104—106).

[13] Pan, P. S.: Precipitation in Taiwan Mountainous Areas. WMO Nr. 326, Vol. II, 307—321.

[14] Kurshid Alam, C. Florence: Distribution of Precipitation in Mountainous Areas of West Pakistan. WMO Nr. 326, Vol. II, 290—306.

[15] Lefêvre, R.: Aspect de la pluviometrie dans la region du Mont Cameroun. WMO Nr. 326, Vol. II, 373—382.

[16] Whitmore, J. S.: The Variation of Mean Annual Rainfall with Altitude and Locality in South Africa, as Determined by Multiple Curvilinear Regression Analysis. WMO Nr. 326, Vol. I, 188—200.

[17] Shaw, Elizabeth M.: A Hydrological Assessment of Precipitation in the Western Highlands of New Guinea. WMO Nr. 326, Vol. II, 532—543.

[18] Coulter, J. D.: Mountain Climate. Proc. N. Z. Ecol. Soc. 14, 40—57 (1967).

Sektionschef Dr. Walter Sturminger †

Am 14. November 1973 ist kaum zwei Monate vor seinem 75. Geburtstag Sektionschef Dr. Walter Sturminger völlig unerwartet gestorben. Nach dem Ableben von Prof. Dr. Oberparleiter ist Dr. Sturminger in der Hauptversammlung des Sonnblick-Vereins am 30. Mai 1969 zum Vorsitzenden gewählt worden und hat diese Funktion mit großem Interesse für die gerade in neuerer Zeit aktuell gewordenen Probleme des Sonnblick-Observatoriums bis zu seinem Tode ausgeübt.

Dr. Sturminger war schon als Ministerialrat im Bundesministerium für Unterricht als Sachbearbeiter der Angelegenheiten der Zentralanstalt für Meteorologie und Geodynamik viele Jahre hindurch beschäftigt und dadurch auch mit den Aufgaben und Schwierigkeiten des meteorologischen Bergobservatoriums vertraut. Im Jahre 1952 wurde er vom Bundesministerium für Unterricht auch als Vertreter des Ministeriums und der Bundesregierung in das Kuratorium des Sonnblick-Vereins entsendet. Er nahm all die Jahre hindurch regen Anteil an den Geschehnissen am Sonnblick und am Vereinsgeschehen und war auch als Finanzreferent des Unterrichtsministeriums mit den finanziellen Sorgen des Sonnblick-Observatoriums und seiner Seilbahn beschäftigt. Sein ständiges Interesse bekundete er auch durch seine regelmäßige Teilnahme an den Jahresversammlungen des Sonnblick-Vereins als Vertreter des Ministeriums. Es war daher naheliegend, daß der Vorstand des Sonnblick-Vereins den Entschluß gefaßt hat, Dr. Sturminger, der nun schon als Sektionschef im Ruhestand war, um die Übernahme des Vorsitzes zu bitten, wozu er sich auch bereitwillig zur Verfügung gestellt hat. Für den Sonnblick-Verein und für das Sonnblick-Observatorium hat er sich zufolge seiner Vertrautheit mit deren Problemen und seiner guten Beziehungen zum Ministerium und zu anderen Stellen sehr verdienstlich erwiesen.

Während seiner Tätigkeit [im Unterrichtsministerium hat Dr. Sturminger sich nicht nur als Referent für die philosophischen Fakultäten und später für die medizinischen Fakultäten der österreichischen Universitäten große Verdienste um die Förderung dieser Institutionen erworben, sondern war darüber hinaus in seiner Freizeit auch selbst wissenschaftlich tätig. Sein wissenschaftliches Interesse galt im besonderen der Geschichte der Wiener Türkenbelagerungen. Zu diesem Thema hat er eine „Bibliographie und Ikonographie der Türkenbelagerungen Wiens 1529 und 1683" (1955) und später das Werk „Die Türken vor Wien in Augenzeugenberichten" (1968) veröffentlicht.

Die Leistungen Dr. Sturminger fanden auch durch zahlreiche Ehrungen Anerkennung, von denen hier nur die Verleihung der Würde eines Ehrensenators der Wiener Universität, der Medaille „Bene merito" der Österreichischen Akademie der Wissenschaften und der Ehrenmedaille in Gold der Stadt Wien erwähnt seien.

Der Sonnblick-Verein wird Sektionschef Dr. Sturminger als tatkräftigen Förderer des Sonnblick-Observatoriums und seiner Einrichtungen stets ein ehrendes Gedenken bewahren.

F. Steinhauser, Wien

Regierungsrat Dipl. Met. Ing. Franz Josef Gruber †

Am 25. März 1974 ist Dipl. Met. Ing. F. J. Gruber nach langer schwerer Krankheit im 66. Lebensjahr gestorben. Er war im Jahre 1946 nach der Neukonstituierung und Wiederzulassung des Sonnblick-Vereins nach dem zweiten Weltkrieg als 11. Mitglied dem Verein beigetreten und wurde bereits auf der ersten Hauptversammlung am 15. November 1946 als Schatzmeister in den Vereinsvorstand gewählt. Diese Funktion übte er 26 Jahre aus und legte diese bei der Hauptversammlung am 8. Mai 1972 aus gesundheitlichen Gründen zurück.

All die Jahre hat er diese Tätigkeit nicht nur gewissenhaft ausgeführt, sondern auch in den besonders schwierigen Nachkriegsjahren stets darauf Bedacht genommen, durch Sparsamkeit die bescheidenen Vereinsmittel zweckmäßig zu verwalten und das Vereinsvermögen in Hinblick auf die jeweils besonderen Beanspruchungen zu vermehren. Es gebührt ihm dafür ein besonderer Dank und ein ehrendes Gedenken.

L. Binder

Vereinsnachrichten

(Berichtszeitraum Beginn 1973 bis Juli 1974)

Die Hauptversammlungen fanden am 15. Mai 1973 und am 11. Juni 1974 statt. Der Sonnblick-Verein hat im Berichtszeitraum 20 Mitglieder durch Tod verloren, am 14. Nov. 1973 seinen Vorsitzenden, Sekt.-Chef Senator Dr. Walter Sturminger, und am 25. März 1974 den ehemaligen langjährigen Schatzmeister Reg.-Rat Dipl.-Met. Franz Gruber. Eine Würdigung der Verdienste beider Funktionäre findet an anderer Stelle des Jahresberichtes statt. Von den verstorbenen Mitgliedern seien noch genannt: Reg.-Dir. Dr.-Ing. J. Grunow, Prof. Dr. K. Höfler, Prof. Dr. A. Schedler, Prof. Dr.-Ing. H. Scheuble, G. Seidl, AR A. Soucek und OR Dr. A. Strohmayer.

Zum neuen Vorsitzenden wurde Verlagsdirektor Dr. Wilhelm Schwabl gewählt, die übrigen Vorstandsmitglieder wurden wiedergewählt.

Als Rechnungsprüfer fungieren Univ.-Prof. Dr. Konrad Cehak und Frau Reg.-Rat Anna Brauneiss.

Im Anschluß an die Hauptversammlungen wurde je ein wissenschaftlicher Vortrag gehalten, und zwar von Univ.-Prof. Dr. F. Lauscher über „Schnee im Hochgebirge. Ergebnisse witterungsklimatischer Analysen" und von Univ.-Prof. Dr. Hanns Tollner über das Thema „Der Sonnblick im Blickfeld neuer alpiner Planungen".

Die Geldgebarung zeigt folgendes Bild:

Vortrag 1973	347 888,35 S
Einnahmen 1973	63 957,01
Ausgaben 1973	30 743,61
Vortrag 1974	381 101,75

Bericht über die Tätigkeit des Sonnblick-Vereins im Jahre 1973 und im ersten Halbjahr 1974

Die personelle Besetzung des Observatoriums wechselte neuerdings. Das Dienstverhältnis mit Christian Ager wurde am 1. 6. 1973, das mit Herbert Unterweger am 21. 9. 1972 gelöst. Vom 15. 11. 1972 bis 15. 10. 1973 war Walter Haunsperger als Beobachter beschäftigt, ab 1. 6. 1973 wurde der frühere Beobachter Anton Wallner wieder eingestellt, am 22. 10. 1973 wurde sein Bruder Friedrich Wallner aufgenommen.

Wissenschaftliche Untersuchungen hat in beiden Berichtsjahren Prof. Tollner an den Sonnblickgletschern vorgenommen. Ferner wurden Schneeprofiluntersuchungen mit Messung der Temperatur, Dichte und Struktur der Schneedecke unter Leitung von Dr. Mahringer fortgesetzt. Im Jahre 1973 wurden im Rahmen der Internationalen Hydrologischen Dekade die seismische Eisdicken-messungen auf dem Obersulzbachkees in der Venedigergruppe ausgeführt.

Das Instrumentarium in der Gelehrtenstube wurde während umfangreicher Renovierungsarbeiten provisorisch verlegt, so daß die Registrierungen der meteorologischen Elemente ungestört weiterliefen. Witterungsbedingte Schäden an einigen Instrumenten konnten behoben werden.

Im Sommer 1973 wurden das Gelehrtenzimmer und der Vorraum im Sonnblick-Observatorium gründlich überholt, Wände und Fußboden zum Teil erneuert, wobei auf eine wirksame thermische Isolierung besonders Bedacht genommen wurde. Die Stromversorgungsanlage wurde durch Anschaffung eines neuen Dieselmotors verbessert. Witterungsbedingte Schäden an der Materialseilbahn wurden behoben, dank regelmäßiger Kontrollen und sofortiger Beseitigung auftretender Mängel kam es zu keinen größeren Störungen des Betriebes. Das Observatorium konnte durch Spenden der Firmen Quelle und Porsche mit einem Farbfernseher samt Stromaggregat ausgestattet werden. Das Stromaggregat kann auch fallweise zur Stromversorgung wissenschaftlicher Geräte Verwendung finden.

Der Erweiterungsbau des Observatoriums konnte noch nicht in Angriff genommen werden, da die zur Eindämmung der Inflation verfügte allgemeine Kreditsperre die Finanzierung des Projekts bisher unmöglich machte. Das Bundesministerium für Wissenschaft und Forschung und die Salzburger Landesregierung, Baudirektion, haben aber Experten zur Untersuchung des Bauzustandes auf den Sonnblick entsandt, die die Notwendigkeit des Erweiterungsbaues nach den Plänen des Baumeisters Ing. Karl bestätigten. Auch hat Frau Bundesminister Dr. Hertha Firnberg anläßlich der Festrede zur Hundertjahrfeier der meteorologischen Weltorganisation im September 1973 in Wien versprochen, das Anliegen des Umbaues des Sonnblick-Observatoriums nach Kräften unterstützen zu wollen.

Ergebnisse der meteorologischen Beobachtungen auf dem Sonnblickgipfel (3196,5 m)[1] aus dem Jahre 1972

	Luftdruck[2], mm			Temperatur			Bewölkung Zehntel	Niederschlagsmenge[3]			Zahl der Tage mit						Tage			Sonnenscheindauer in Stunden	Windstärke m/sec
				Mittel	Absolutes						Niederschlag ≧ 0,1 mm	Schnee	Nebel	Sturm	Heitere	Trübe	Frost-	Eis-		
	Max.	Min.	Mittel		Max.	Min.		N	S											
Jänner	520,9	505,6	514,7	−11,9	−4,7	−19,2	5,5	37	34		11	11	18	15	5	7	31	31	136	7,5
Februar	521,5	503,8	515,5	−10,2	−3,0	−17,6	7,2	64	82		13	13	20	20	3	13	29	29	98	9,5
März	524,5	505,9	517,3	−9,0	−3,2	−16,3	6,4	43	38		12	12	21	13	3	10	31	31	192	7,2
April	523,0	506,2	515,1	−7,7	−1,5	−18,0	9,0	260	365		21	21	26	18	0	23	30	30	96	6,6
Mai	528,3	511,1	519,4	−4,7	2,2	−12,4	8,9	150	177		18	18	29	13	0	22	31	25	113	5,1
Juni	528,1	517,5	522,8	−0,7	6,2	−8,3	7,9	183	153		17	13	26	14	0	16	26	10	165	5,0
Juli	531,7	521,1	525,4	1,4	11,4	−6,5	8,4	121	240		23	18	28	14	1	20	18	5	115	4,7
August	531,6	517,9	525,2	0,8	12,1	−8,4	7,4	74	140		18	15	28	13	0	12	20	9	173	3,4
September	527,9	515,9	522,0	−4,7	4,2	−12,5	7,5	83	74		21	21	26	14	2	16	28	21	113	4,4
Oktober	527,8	511,5	521,5	−5,6	1,4	−18,6	5,0	64	109		9	9	20	19	10	8	31	26	219	5,9
November	529,7	510,8	519,5	−7,7	3,0	−22,2	6,5	74	136		14	14	17	15	3	11	30	23	130	6,2
Dezember	528,4	515,4	522,7	−8,3	−3,1	−20,1	4,5	61	76		5	5	14	20	8	5	31	31	163	7,6
Jahr	531,7	503,8	520,1	−5,7	12,1	−22,2	7,0	1214	1624		182	182	273	188	32	163	336	271	1713	6,1

Totalisatorenbeobachtungen im Sonnblickgebiet, 1972 (Millimeter Wasserwert)

	I.	II.	III.	IV.	V.	VI.	VII.	VIII.	IX.	X.	XI.	XII.	Jahr
Kolm-Saigurn, 1600 m	4	25	50	164	128	253	278	100	57	125	79	29	1292
Radhaus, 2117 m	4	32	32	160	168	316	320	180	68	92	60	32	1464
Unterhalb der Rojacherhütte, 2580 m	8	72	4	188	288	260	344	200	100	176	180	20	1840
Hoher Sonnblick, 3076 m (horizontale Auffangfläche)	24	124	44	372	284	348	500	364	108	228	164	44	2604
Hoher Sonnblick, 3076 m (hangparallele Auffangfläche)	20	236	92	492	300	316	544	496	180	248	184	92	3200
Oberes Fleißkees, 2808 m	68	152	56	324	144	288	336	—	—	84	112	40	—
Unteres Fleißkees, 2558 m	48	104	40	276	136	182	268	180	68	120	112	24	1558

Schneepegelbeobachtungen im Sonnblickgebiet, 1972 (Schneehöhe in Zentimetern am 1. jedes Monats sowie Firnrest in Zentimetern am Tage der Neufestsetzung des Pegelnulls)

	I.	II.	III.	IV.	V.	VI.	VII.	VIII.	IX.	X.	XI.	XII.	Firnrest am
Naßfeld, 1630 m	58	70	49	4	36	200	180	100	—	—	10	15	0	1. Okt.
Unterer Goldbergkeesboden, 2480 m	80	140	165	160	235	240	165	180	50	0	73	116	0	1. Okt.
Oberer Goldbergkeesboden, 2710 m	20	100	120	120	240	310	280	200	60	0	70	79	0	1. Okt.
Oberer Steilhang des Goldbergkees, 2850 m	50	130	200	200	310	345	335	220	170	0	58	111	10	1. Okt.
Brettscharte, unterer Pegel, Goldbergkees 2890 m	90	170	240	240	330	330	295	140	220	0	60	124	44	1. Okt.
Brettscharte, oberer Pegel, Goldbergkees 2920 m	70	150	210	220	360	345	350	160	210	0	72	119	92	1. Okt.
Fleißscharte, 2990 m	165	220	290	350	490	440	350	190	260	0	57	108	140	1. Okt.
Oberes Fleißkees (Pilatusscharte), 2880 m	175	160	200	265	320	355	310	150	230	0	83	130	250	1. Okt.
Fleißkees, Mitte, 2910 m	155	160	180	200	320	345	310	185	—	0	80	95	200	1. Okt.
Fleißkees, unterer Boden, 2840 m	220	240	280	290	—	—	—	—	—	—	73	145	220	1. Okt.
													—	[4]

---

[1] Beobachtungstermine ab 1. Jänner 1971: 7, 14 und 21 Uhr.
[2] Die Korrekturen wurden bereits angebracht: $B_c = -0,61$ mm und $G_c = -0,21$ mm.
[3] Ombrometer-Aufstellungen nördlich und südlich vom Observatoriumsgebäude.
[4] Pegel verlorengegangen.

Ergebnisse der meteorologischen Beobachtungen auf dem Sonnblickgipfel (3106,5 m)[1] aus dem Jahre 1973

	Luftdruck[2], mm			Temperatur			Bewölkung Zehntel	Niederschlagsmenge[3]		Zahl der Tage mit					Tage		Sonnenscheindauer in Stunden	Windstärke m/sec
				Mitte	Absolutes					Niederschlag ≧ 0,1 mm	Schnee	Nebel	Sturm	Heitere	Trübe	Frost	Eis		
	Mittel	Max.	Min.		Max.	Min.		N	S										
Jänner	518,8	526,8	507,9	−10,8	−3,7	−20,5	5,8	95	125	16	16	20	12	9	14	31	31	132	6,4
Februar	512,6	526,3	500,7	−14,5	−4,5	−28,3	6,8	87	140	14	14	22	13	2	11	28	28	100	6,9
März	518,1	524,4	510,0	−12,9	−3,1	−22,6	6,8	65	142	17	17	22	13	5	14	31	31	155	6,6
April	514,5	522,7	505,2	−11,7	−3,1	−19,6	8,4	101	178	22	22	26	15	0	22	30	30	100	6,8
Mai	522,8	527,5	517,8	−2,8	3,6	−12,1	7,1	92	136	15	14	24	6	2	13	30	12	192	5,1
Juni	524,9	531,2	517,9	0,4	9,6	−5,9	8,0	122	151	15	15	28	7	0	17	23	5	128	5,0
Juli	523,9	529,7	516,5	0,6	10,5	−6,1	8,5	127	238	26	18	31	5	0	21	19	4	90	4,7
August	527,9	532,3	522,0	3,6	10,3	−3,4	6,2	56	114	14	8	24	1	4	7	7	0	221	3,4
September	525,3	531,9	517,9	0,3	9,2	−8,0	6,5	115	150	14	11	16	5	6	14	17	3	168	4,5
Oktober	522,2	529,7	509,9	−4,1	3,4	−17,4	5,5	83	155	14	16	15	5	9	9	27	23	178	5,3
November	519,4	526,5	504,2	−9,0	−0,5	−26,1	6,0	88	181	16	15	17	11	5	13	30	30	131	5,8
Dezember	515,2	526,3	503,7	−12,3	−2,8	−29,6	6,5	130	183	18	18	22	12	5	14	31	31	104	7,6
Jahr	520,5	532,3	500,7	−6,1	10,5	−29,6	6,9	1161	1893	204	184	265	106	44	169	304	228	1699	5,7

Totalisatorenbeobachtungen im Sonnblickgebiet, 1973 (Millimeter Wasserwert)

	I.	II.	III.	IV.	V.	VI.	VII.	VIII.	IX.	X.	XI.	XII.	Jahr
Kolm-Saigurn, 1600 m	89	125	50	207	111	245	168	121	218	171	178	125	1745
Radhaus, 2117 m	52	80	12	136	112	161	184	76	232	96	148	96	1460
Unterhalb der Rojacherhütte, 2580 m	152	184	76	308	148	250	272	132	224	172	188	264	2360
Hoher Sonnblick, 3076 m (horizontale Auffangfläche)	232	176	152	268	152	−[4]	212	88	96	92	156	260	2116
Hoher Sonnblick, 3076 m (hangparallele Auffangfläche)	144	288	132	312	208	−[4]	440	228	276	128	248	260	3040
Oberes Fleißkees, 2808 m	76	120	76	224	100	210	112	112	160	92	76	104	1484
Unteres Fleißkees, 2558 m	64	104	64	118	84	212	116	100	168	80	76	104	1282

Schneepegelbeobachtungen im Sonnblickgebiet, 1973 (Schneehöhe in Zentimetern am 1. jedes Monats sowie Firnrest in Zentimetern am Tage der Neufestsetzung des Pegelnulls)

	I.	II.	III.	IV.	V.	VI.	VII.	VIII.	IX.	X.	XI.	XII.	Firnrest am
Naßfeld, 1630 m	32	78	136	75	58	−	−	−	−	0	56	0	1. Okt.
Unterer Goldbergkeesboden, 2480 m	108	170	259	260	333	245	108	45	Eis	0	81	32	1. Okt.
Oberer Goldbergkeesboden, 2710 m	92	170	185	194	226	161	72	20	Eis	0	85	55	1. Okt.
Oberer Steilhang des Goldbergkees, 2850 m	108	185	186	235	340	250	160	115	30	0	80	45	1. Okt.
Brettscharte, unterer Pegel, Goldbergkees, 2890 m	114	185	200	230	−[4]	−[4]	−[4]	130	Eis	0	155	60	1. Okt.
Brettscharte, oberer Pegel, Goldbergkees, 2920 m	109	176	120	160	280	210	160	125	Eis	0	160	60	1. Okt.
Fleißscharte, 2990 m	112	150	102	126	261	212	176	124	10	0	102	68	1. Okt.
Oberes Fleißkees (Pilatusscharte), 2880 m	115	178	195	190	290	250	200	135	Eis	0	109	60	1. Okt.
Fleißkees, Mitte, 2910 m	102	145	164	190	280	230	200	145	5	0	65	25	1. Okt.
Fleißkees, unterer Boden, 2840 m	143	215	257	265	370	300	250	200	60	0	115	50	1. Okt.

[1] Beobachtungstermine ab 1. Jänner 1971: 7, 14 und 19 Uhr.
[2] Die Korrekturen wurden bereits angebracht: $B_c = -0,61$ mm und $G_c = -0,21$ mm.
[3] Ombrometer-Aufstellungen nördlich und südlich vom Observatoriumsgebäude.
[4] Pegel nicht sichtbar.

Für die Fertigstellung dieses Jahresberichtes haben folgende Firmen in dankenswerter Weise Druckkostenbeiträge geleistet:

AKG — Akustische Kinogeräte / Austria Tabak Werke AG. / Erzhütte AG. / J. C. König & Ebhardt / Langbein-Pfannhauser-Werke AG. / Minerva, wissenschaftl. Buchhandlung / Polkarbon, Österr.-Polnische Kohlenhandelsgesellschaft KG. / Schmidtstahlwerke AG. / Springer-Verlag KG. / Vereinigte Wiener Metallwerke AG. / Wiener Porzellanmanufaktur Augarten / Prof. Dr. Herbert Wycital, Zivilingenieur.

If you have any concerns about our products,
you can contact us on
ProductSafety@springernature.com

In case Publisher is established outside the EU,
the EU authorized representative is:
Springer Nature Customer Service Center GmbH
Europaplatz 3, 69115 Heidelberg, Germany

Printed by Libri Plureos GmbH
in Hamburg, Germany